Anjolaoluwa Osibodu

Avaliação da jazida do campo "Olayinka" através da análise de registos de poços

Anjolaoluwa Osibodu

Avaliação da jazida do campo "Olayinka" através da análise de registos de poços

ScienciaScripts

Imprint

Any brand names and product names mentioned in this book are subject to trademark, brand or patent protection and are trademarks or registered trademarks of their respective holders. The use of brand names, product names, common names, trade names, product descriptions etc. even without a particular marking in this work is in no way to be construed to mean that such names may be regarded as unrestricted in respect of trademark and brand protection legislation and could thus be used by anyone.

Cover image: www.ingimage.com

This book is a translation from the original published under ISBN 978-620-7-46887-4.

Publisher:
Sciencia Scripts
is a trademark of
Dodo Books Indian Ocean Ltd. and OmniScriptum S.R.L publishing group

120 High Road, East Finchley, London, N2 9ED, United Kingdom
Str. Armeneasca 28/1, office 1, Chisinau MD-2012, Republic of Moldova, Europe
Printed at: see last page
ISBN: 978-620-7-94907-6

Conteúdo

Este trabalho de projeto é dedicado a Deus e aos meus sempre amados pais, Engr. e Mrs. Olayinka Osibodu pelo seu apoio.

AGRADECIMENTOS

Quero agradecer ao Chefe do Departamento de Ciências Físicas, Dr. P.S Ola, pelos seus contributos. A minha gratidão especial vai para a minha supervisora, a Sra. B.T. Ojo, pelas suas críticas construtivas e pelo seu apoio.

A todo o pessoal do Departamento de Ciências Físicas que deu o seu contributo, especialmente ao Sr. Ibe e ao Sr. Adegoke, o meu muito obrigado.

A minha gratidão especial vai para os meus colegas de turma que sempre me apoiaram, sobretudo Busola Olanegan e Emmanuel Akeredolu.

RESUMO

O estudo teve como objetivo a avaliação do reservatório do campo 'Olayinka', que é um campo petrolífero localizado no Delta do Níger, Nigéria, utilizando registos de poços. Foram avaliados e correlacionados três poços em todo o campo utilizando o software Interactive Petrophysics para delinear a litologia e estabelecer a continuidade de potenciais areias de reservatório. Os tipos de registo utilizados foram registos de raios gama (GR), potencial espontâneo (SP), neutrões compensados (CN), registos de densidade (RHOB), registos sónicos e registos de resistividade. Foi efectuada uma interpretação qualitativa para identificar os reservatórios e o tipo de fluido e para determinar os parâmetros petrofísicos dos reservatórios. Quatro potenciais reservatórios de hidrocarbonetos denominados Areia A, Areia B, Areia C e Areia D foram delineados em cada um dos três poços. O número total de potenciais reservatórios de hidrocarbonetos delineados na área de estudo foi de doze.

Os resultados da análise efectuada indicaram que as unidades de areia delineadas são reservatórios portadores de hidrocarbonetos contendo principalmente gás, tal como indicado pelo gráfico de neutrões e de densidade. Estas unidades de areia foram ainda avaliadas e os valores do hidrocarboneto no local (gás) para cada um dos reservatórios foram estimados. O volume de xisto variou de 10,5% a 13,80%, a porosidade variou de 16,92% a 32,82%, a saturação de água variou de 12,10% a 56,60%, os valores de permeabilidade relativa à água (KRW) variaram de 0,0017 a 0,1810, os valores de permeabilidade relativa ao óleo (KRO) variaram de 0,17 a 0,76 em geral em todos os poços. Os valores do índice de hidrocarbonetos móveis (MHI) também variaram de 0,19 a 0,63, e os valores de hidrocarbonetos no local (reserva de gás) variaram de 16.574.254,66cu.ft a 58.903.491,4cu.ft no poço 'Olayinka 1', de 14,132,456.1cu.ft a 57,266,158.95cu.ft no poço "Olayinka 2", e de 0cu.ft a 38,637,463.23cu.ft no poço "Olayinka 3".

A partir dos resultados petrofísicos e dos valores estimados do índice de hidrocarbonetos móveis das unidades potenciais de reservatório delineadas em todos os poços, pode concluir-se que o campo é altamente produtivo. O desempenho do sistema de reservatórios da área de estudo é considerado satisfatório para a produção de hidrocarbonetos.

CAPÍTULO 1

INTRODUÇÃO

1.1 Declaração geral

A República Federal da Nigéria tem uma população fervilhante de mais de 150 milhões de pessoas. O país tem uma superfície aproximada de cerca de 924.000 quilómetros quadrados, compreendendo trinta e seis (36) estados com a Capital Federal Territorial (FCT) em Abuja (Nigerian Population Commission, 2006).

A Nigéria tem sete grandes bacias sedimentares: a Bacia do Delta do Níger, a Bacia do Benim, a Bacia de Sokoto, a Bacia de Anambra, a Bacia de Boro, a Calha de Benue e o Flanco de Calabar. As actividades de exploração nestas bacias revelaram que as principais perspectivas petrolíferas da Nigéria se restringem ao Delta do Níger do Terciário e ao seu offshore adjacente. Esta parte do offshore do Delta do Níger é uma das províncias petrolíferas mais prospectivas do mundo. (Nigerian National Petroleum Commission, 2005).

No entanto, as sucessões sedimentares nas bacias do Delta do Níger são amplamente divisíveis em: arenitos continentais basais, siltitos e lamas, xistos marinhos médios e calcários intercalados com arenitos e siltitos com a sequência de arenitos superior que é continental ou paralítica.

Embora a subdivisão tripartida também se aplique ao Delta do Níger, esta sequência tem vindo a crescer em direção ao mar, com xistos marinhos inferiores, passando por grossos arenitos e xistos costeiros antigos, até uma sequência continental superior. Os sedimentos costeiros antigos médios contêm petróleo e gás.

A cunha clástica do Delta do Níger, com 12 km de espessura, estende-se por uma área de 75 000 km2. Esta cunha clástica contém a 12ª maior acumulação conhecida de hidrocarbonetos recuperáveis, com reservas superiores a 34 mil milhões de barris de petróleo e 93 triliões de pés cúbicos de gás (Tuttle et al., 1999).

Uma vez que as unidades de fluxo do hidrocarboneto são ditadas pelo tamanho da garganta porosa e pelas alterações geológicas locais, a porosidade calculada e o registo de raios gama foram os atributos utilizados para uma subdivisão.

Uma vez que as unidades de fluxo do hidrocarboneto são ditadas pelo tamanho da garganta porosa e pelas alterações geológicas locais, a porosidade calculada e o registo de raios gama foram os atributos utilizados para uma subdivisão.

O petróleo (petróleo e gás) representa cerca de 95% das receitas externas da Nigéria e continua a ser o principal sustentáculo da sua economia desde que foi descoberto em volume comercial em 1956 pela Shell-BP em Oloibiri, na bacia do Delta do Níger. A nível mundial, o petróleo, enquanto fonte de energia, continuará a dominar as outras fontes de energia primária, prevendo-se que represente até 60% da procura mundial de energia até ao ano 2030. A Nigéria ocupa o 8º lugar na OPEP e o 12º lugar no mundo em termos de produção de petróleo (Organização dos Países Exportadores de Petróleo, 2011). A incerteza na quantificação das reservas de hidrocarbonetos devido à definição inadequada e deficiente das propriedades dos reservatórios tem sido um grande desafio na indústria petrolífera. Desde a fase de prospeção até ao desenvolvimento e exploração de hidrocarbonetos, a análise do registo de poços é utilizada para fornecer informações sobre a caraterização do reservatório do campo petrolífero para efeitos de viabilidade económica e rentabilidade (Nigerian National Petroleum Commission, 2005).

Para qualquer exploração de hidrocarbonetos, deve haver uma investigação detalhada e precisa para estudar as propriedades das rochas e as suas interacções com os fluidos incorporados. O registo por fio é um meio de recolha de dados de um poço, para compreender a geologia do subsolo, através da descida de um instrumento de medição pelo poço.

Neste estudo, os registos de raios gama (GR), potencial espontâneo (SP), resistividade (LLD) e densidade (PHID) foram analisados e interpretados para definir as unidades litológicas das zonas prospectivas, diferenciando entre zonas portadoras e não portadoras de hidrocarbonetos, a definição da geometria do reservatório através da correlação poço a poço e a determinação dos parâmetros petrofísicos das zonas de interesse (reservatórios) no campo, tais como porosidade, permeabilidade, índice de hidrocarbonetos móveis, saturação de água e saturação de hidrocarbonetos.

As formações no Delta do Níger, na Nigéria, consistem em areias e xistos, variando as areias entre fluviais (canal) e fluviomarinhas (barra de barreira), enquanto os xistos são geralmente fluviomarinhos ou lagunares. Estas formações são maioritariamente inconsolidadas e, muitas vezes, não é viável recolher amostras de núcleo ou efetuar testes de perfuração (Aigbedion, 2007).

1.2 Finalidade e objetivo do estudo

Objetivo

Este estudo tem como objetivo identificar e caraterizar a unidade de reservatório no "campo de Olayinka".

Os objectivos do estudo são os seguintes

- Identificar a litologia do poço
- Determinar a espessura dos potenciais reservatórios delineados
- Determinar o teor e o tipo de fluido dos poços
- Correlacionar lateralmente os poços "Olayinka 1, Olayinka 2 e Olayinka 3
- Calcular e calcular vários parâmetros petrofísicos dos poços

1.3 Localização da área de estudo

O campo "Olayinka" está localizado em terra, num vale fluvial afetado por inundações sazonais na bacia do Delta do Níger, como mostra a Figura 1.1. As inundações sazonais limitam o acesso ao campo durante a estação das chuvas. Situa-se entre as longitudes 3 e 9 graus E e as latitudes 4 e 7 graus N

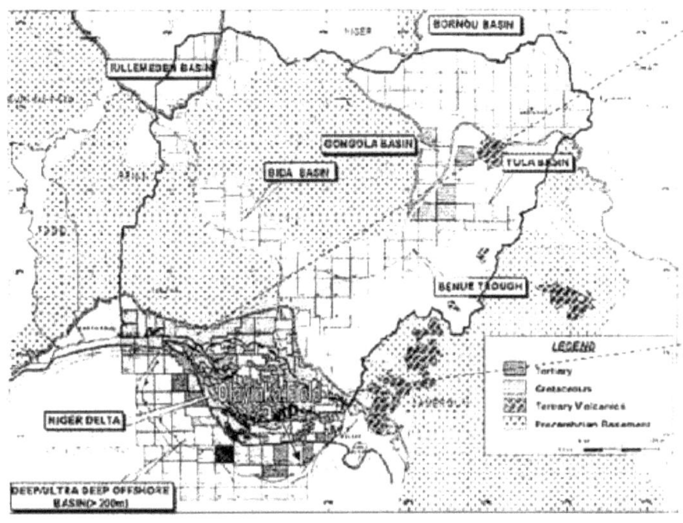

Figura 1.1 Mapa da Nigéria'mostrando a localização do Delta do Níger no meio de várias bacias e a localização da área de estudo (SPDC, 2009)

1.4 Revisão de trabalhos anteriores

Os geocientistas e as empresas de exploração petrolífera revelaram muito sobre a geologia, a evolução, as configurações tectónicas, a estratigrafia, a estrutura e o potencial petrolífero desta fértil bacia do Delta do Níger.

O Delta do Níger é uma conhecida província rica em petróleo e gás, situada no Golfo da Guiné, na África Ocidental equatorial, e que se estende por toda a região. O petróleo no Delta do Níger é produzido a partir de arenitos e areias não consolidadas, predominantemente da Formação Agbada. As rochas reservatório conhecidas reconhecidas são de idade Eocénica a Pliocénica, e estão frequentemente empilhadas, variando em espessura de menos de 15 metros a mais de 45 metros de espessura. Com base na geometria e na qualidade do reservatório, a variação lateral na espessura do reservatório é fortemente controlada por falhas de crescimento; com os reservatórios a engrossarem em direção à falha dentro do bloco derrubado (Whiteman, 1982).

A bacia do Delta do Níger é uma das bacias sedimentares economicamente mais importantes da África Ocidental e a maior de África (Reijers, 1996). O delta formou-se no local de uma junção tripla de riftes relacionada com a abertura do Oceano Atlântico Sul a partir do Jurássico Superior e continuando no Cretáceo.

Adewoye et al (2013), Rotimi et al (2013), todos trabalharam na avaliação petrofísica de campos no Delta do Níger e foram capazes de interpretar os ambientes deposicionais que são dominantes na área. Esta interpretação mostrou que existem três categorias principais de ambiente deposicional, ou seja, depósitos costeiros e areias pró-delta, areias da superfície da costa e arenitos retrabalhados, leques de declive e o ambiente de leque do fundo da bacia.

Archie (1942) modelou os parâmetros petrofísicos das formações, tais como a porosidade, a permeabilidade, a saturação de fluidos e as equações que poderiam ser utilizadas para efetuar a avaliação quantitativa dos reservatórios de hidrocarbonetos.

Ele também derivou a equação do gráfico para derivar o fator de formação (F).

Arowojolu (2013) estudou a avaliação do potencial de hidrocarbonetos do campo de Sam, no Delta do Níger, e concluiu que, com base na elevada porosidade e permeabilidade do campo, o potencial de hidrocarbonetos do campo é elevado e o campo apresenta um grande potencial de acumulação de petróleo e gás para exploração futura.

Obaje (2013) mostrou que era possível apresentar uma interpretação estratigráfica sequencial utilizando conjuntos de dados bioestratigráficos, registos de poços e sísmicos.

Ojo (2011) estudou a avaliação do potencial de hidrocarbonetos do campo de Gudluck, ao largo da costa, no Delta do Níger, e concluiu que o mecanismo de aprisionamento no Delta do Níger é principalmente o fecho anticlinal assistido por falhas.

A Shell Petroleum Development Company of Nigeria Limited (SPDC) efectuou vários trabalhos na área de estudo, mas os seus resultados não foram disponibilizados durante este estudo.

CAPÍTULO 2

CONTEXTO GEOLÓGICO

2.1 A Geologia do Delta do Níger

O Delta do Níger está situado no Golfo da Guiné e estende-se por toda a Província do Delta do Níger, tal como definida por Klett et al. (1997). Desde o Eoceno até ao presente, o delta progrediu para sudoeste, formando depobelts que representam a parte mais ativa do delta em cada fase do seu desenvolvimento (Doust e Omatsola, 1990). Estes depobelts formam um dos maiores deltas regressivos do mundo, com uma área de cerca de 300 000 km2 (Kulke, 1995). Um volume de sedimentos de 500 000 km2 (Hospers, 1965), e uma espessura de sedimentos de mais de 10 km no depocentro da bacia (Kaplan et al. 1994). A Província do Delta do Níger contém apenas um sistema petrolífero identificado (Kulke, 1995; Ekweozor e Daukoru, 1994;). Este sistema é aqui referido como o Sistema Petrolífero Terciário do Delta do Níger (Akata - Agbada). A extensão máxima do sistema petrolífero coincide com os limites da província. A extensão mínima do sistema é definida pela extensão de área dos campos e contém recursos conhecidos (produção acumulada mais reservas provadas) de 34,5 mil milhões de barris de petróleo (BBO) e 93,8 triliões de pés cúbicos de gás (TCFG) (14,9 mil milhões de barris de petróleo equivalente, BBOE) (Petroconsultants Inc. 1996a). Atualmente, a maior parte deste petróleo encontra-se em campos que estão em terra ou na plataforma continental em águas com menos de 200 metros de profundidade e ocorre principalmente em estruturas grandes e relativamente simples. Existem alguns campos gigantes no delta, o maior dos quais contém pouco mais de 1,0 BBO (Petroconsultants Inc., 1996a). Entre as províncias classificadas na Avaliação Mundial de Energia do Serviço Geológico dos EUA (Klett, et al. 1997), a província do Delta do Níger é a décima segunda mais rica em recursos petrolíferos, com 2,2% do petróleo descoberto no mundo e 1,4% do gás descoberto no mundo (Petroconsultants Inc. 1996a). Os geofísicos e geólogos demonstraram que a Bacia do Delta do Níger tem mantido de forma espetacular uma espessa camada sedimentar e características geológicas petrolíferas salientes favoráveis à geração, expulsão e aprisionamento de petróleo a partir da terra, passando pela plataforma continental e até aos terrenos de águas profundas.

A Bacia do Delta do Níger é, até à data, a bacia sedimentar mais prolífica e económica da Nigéria, devido ao impacto do tamanho das acumulações de petróleo, descobertas e produzidas, bem como à distribuição espacial dos recursos petrolíferos em terra, na plataforma continental e em terrenos de águas profundas. Os estudos geológicos integrados clássicos mostraram que existem vários depoimentos diferentes na bacia do Delta do Níger, nomeadamente: Norte, Grande Ughelli, Pântano Central, Pântano Costeiro (Onshore), Offshore Pouco Profundo (Plataforma Continental não superior a 200 isobath) e Deep/ Ultra Offshore (200 a 3000 isobath)

Enquanto três categorias de estilos estruturais comuns nos terrenos do Delta do Níger em terra, na plataforma continental e em águas profundas são a Zona de Extensão - falhas de crescimento, Zona de Translação - diápiros e Zona de Compressão - impulso do dedo do pé.

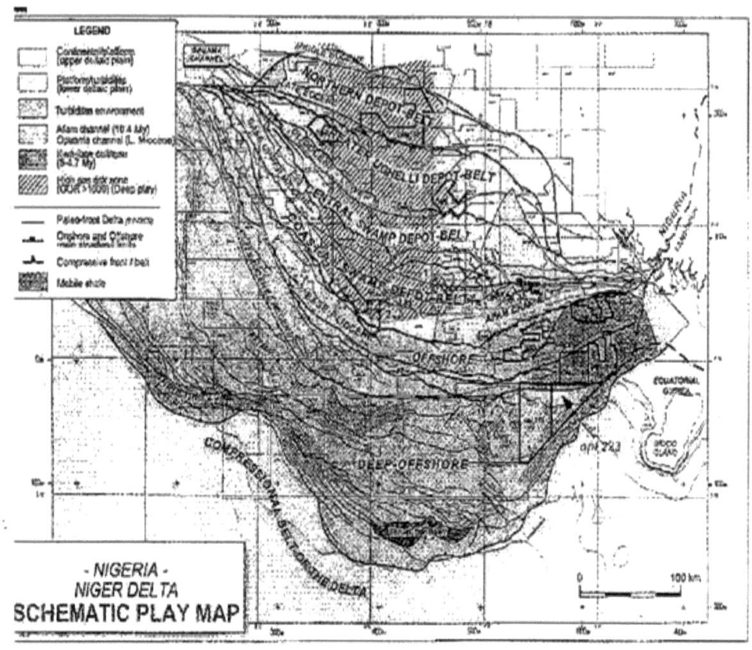

Figure 2.1: Schematic map of the Niger Delta

2.2 Estratigrafia do Delta do Níger

A bacia sedimentar costeira da Nigéria foi palco de três ciclos de deposição. O primeiro começou com uma incursão marinha no Cretácico médio e terminou com uma fase de dobragem ligeira no período Santoniano. O segundo incluiu o crescimento de um delta do proto-Níger durante o final do Cretáceo e terminou com uma grande transgressão marinha no Paleocénico. O terceiro ciclo, do Eoceno ao Recente, marcou o crescimento contínuo do delta principal do Níger. Estes depósitos foram divididos em três unidades litoestratigráficas de grande escala e são as fácies pro-delta basais do Paleocénico ao Recente da Formação Akata, as fácies paralíticas do Eocénico ao Recente da Formação Agbada, e as fácies fluviais do Oligocénico-Recente da Formação Benin (Evamy et al., 1978; Short e Stauble, 1967; Whiteman, 1982). Estas formações tornam-se progressivamente mais jovens ao longo da bacia, registando a progradação a longo prazo dos ambientes deposicionais do Delta do Níger para a margem passiva do Oceano Atlântico. A estratigrafia do Delta do Níger é complicada pelo colapso sino-deposicional da cunha clástica, uma vez que o xisto da Formação Akata se mobilizou sob a carga dos depósitos deltaicos progradantes da Formação Agbada e fluviais da Formação Benin. Formou-se uma série de falhas normais listradas de grande escala, mergulhando em direção à bacia, à medida que os xistos subjacentes se diafanizavam para cima. Os blocos caídos ao longo destas falhas encheram-se de estratos de crescimento, alteraram os declives locais de deposição e complicaram os caminhos de transporte de sedimentos

10

para a bacia. Esta dobra compreende uma Formação Benin arenosa superior, uma unidade intermédia de alternância de arenitos e xistos denominada Formação Agbada e uma Formação Akata xistosa inferior. Estas três unidades estendem-se por todo o delta e cada uma varia em idade desde o início do Terciário até ao Recente. Estão relacionadas com os actuais afloramentos e ambientes de deposição. Um membro separado da Formação Benin é reconhecido na área de Port Harcourt. Este é o membro argiloso Afam, que é interpretado como um antigo preenchimento de vale formado em sedimentos do Miocénico. As estruturas de subsuperfície são descritas como resultantes de movimentos sob a influência da gravidade e a sua distribuição está relacionada com as fases de crescimento do delta. Os anticlinais de rollover em frente a falhas de crescimento constituem os principais objectivos da exploração petrolífera, sendo os hidrocarbonetos encontrados em reservatórios de arenito da Formação Agbada (Reijer et al., 1996).

A morfologia do Delta do Níger mudou de uma fase inicial que vai do Paleoceno ao início do Eoceno para uma fase posterior de desenvolvimento do delta no período Miocénico. As primeiras linhas costeiras eram côncavas em relação ao mar e a distribuição dos depósitos era fortemente influenciada pela topografia do subsolo (Doust e Omatsola, 1989). A progradação do delta ocorreu ao longo de dois eixos principais, o primeiro paralelo ao rio Níger, onde o fornecimento de sedimentos excedeu a taxa de subsidência. O segundo, mais pequeno do que o primeiro, tornou-se ativo durante o Eoceno até ao início do Oligoceno, a jusante do rio Cross, onde as linhas costeiras avançaram para a área de Olumbe-1 (Short e Stauble, 1967). Este eixo de deposição foi separado dos principais depósitos do Delta do Níger pelo Embaiamento de Ihuo, que mais tarde foi rapidamente preenchido pelo avanço dos depósitos do Rio Cross e de outros rios locais (Short e Stauble, 1967). As fases tardias de deposição começaram no início do Miocénico médio, à medida que estes depósitos orientais e ocidentais se fundiam. No Miocénico tardio, o delta progrediu o suficiente para que as linhas de costa se tornassem amplamente côncavas na bacia. O carregamento acelerado por esta rápida progradação do delta mobilizou os xistos instáveis subjacentes. Estes xistos ergueram-se em paredes diapíricas e ondulações, deformando os estratos sobrejacentes. As complexas estruturas de deformação resultantes provocaram uma elevação local, que resultou em grandes fenómenos de erosão na borda progradacional do Delta do Níger. Vários desfiladeiros profundos, agora cheios de argila, cortam a plataforma e são geralmente interpretados como tendo sido formados durante as baixas do nível do mar. Os mais conhecidos são os preenchimentos dos desfiladeiros de Afam, Opuama e Qua Iboe.

2.3 Características estruturais do Delta do Níger

2.3.1 Mecanismo de armadilha do Delta do Níger

A maioria das armadilhas conhecidas nos campos do Delta do Níger são estruturais, embora as armadilhas estratigráficas não sejam invulgares. Os fragmentos de armadilha incluem os associados a estruturas de rolamento simples, estruturas com falhas de crescimento múltiplas; canais cheios de argila; estruturas com falhas antitéticas; estruturas de crista colapsadas; e diapires de lama. A principal rocha de selagem no Delta do Níger é o xisto intercalado na Formação Agbada. O xisto fornece três tipos de selos - manchas de argila ao longo de falhas, unidades de selos intercalados contra os quais as areias do reservatório são justapostas devido a falhas e selos verticais. Os hidrocarbonetos estão concentrados ao longo do mergulho ascendente ou da borda proximal dos sucessivos depocentros (Weber, 1987).

2.3.1.1 Armadilhas estruturais

Uma Armadilha Estrutural é um tipo de armadilha geológica que se forma como resultado de alterações na estrutura da subsuperfície, devido a processos tectónicos, diapíricos, gravitacionais e de compactação (Schlumberger, 1974; Gluyas e Swabrick, 2004). Estas alterações bloqueiam a migração ascendente de hidrocarbonetos e podem levar à formação de um reservatório de petróleo. As armadilhas estruturais são as mais importantes

As armadilhas estruturais são o tipo mais comum de armadilha, pois representam a maioria dos recursos petrolíferos descobertos no mundo (Allen e Allen, 1990). As três formas básicas de armadilhas estruturais são a armadilha anticlinal, a armadilha de falha e a armadilha de domo de sal (Petroleum Research Institute, 1996).

2.3.1.1.1 Armadilha Anticlinal

Um anticlíneo é uma área da subsuperfície onde os estratos foram empurrados para formar uma forma de cúpula. Se houver uma camada de rocha impermeável presente nesta forma de cúpula, então os hidrocarbonetos podem acumular-se na crista até que o anticlinal seja preenchido até ao ponto de derrame, o ponto mais alto onde os hidrocarbonetos podem escapar do anticlinal (Sheriff e Geldart, 1995). Este tipo de armadilha é, de longe, o mais importante para a indústria de hidrocarbonetos. As armadilhas de anticlinal são geralmente longas cúpulas ovais de terra que podem ser vistas ao olhar para um mapa geológico ou ao sobrevoar a terra.

2.3.1.1.2 Deteção de avarias

Esta armadilha é formada pelo movimento de camadas de rocha permeáveis e impermeáveis ao longo de uma linha de falha (Schlumberger, 1974). A rocha reservatório permeável falha de tal forma que passa a estar adjacente a uma rocha impermeável, impedindo a migração dos hidrocarbonetos. Em alguns casos, pode haver uma substância impermeável espalhada ao longo da linha de falha (como a argila) que também actua para impedir a migração. Este fenómeno é conhecido como "clay smear".

2.3.1.1.3 Cúpulas salinas

As massas de sal são empurradas para cima através das rochas clásticas devido à sua maior flutuabilidade, acabando por romper e subir em direção à superfície. Este sal é impermeável e quando atravessa uma camada de rocha permeável, na qual os hidrocarbonetos estão a migrar, bloqueia o caminho da mesma forma que uma armadilha de falha (Petroleum Research Institute, 1996). Esta é uma das razões pelas quais há um foco significativo na imagiologia do subsal, apesar dos muitos desafios técnicos que a acompanham.

2.3.1.2 Armadilhas estratigráficas

Uma armadilha estratigráfica acumula petróleo devido a alterações no carácter da rocha e não devido a falhas ou dobras na rocha. O termo "estratigrafia" significa basicamente "o estudo das rochas e das suas variações". As armadilhas estratigráficas são formadas como resultado de variações laterais e verticais na espessura, textura, porosidade ou litologia da rocha reservatório (Schlumberger).

2.3.2 Falhas de crescimento

As falhas de crescimento no Delta do Níger, de acordo com (Weber, 1987), são consideradas como o principal canal de migração e o principal fator que controla o padrão de distribuição de hidrocarbonetos no Delta do Níger.

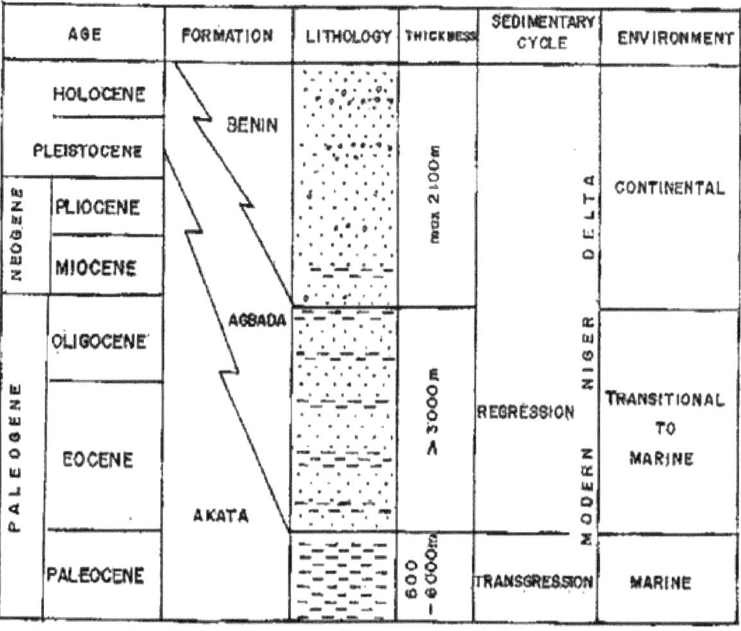

Figura 2.2: Coluna estratigráfica mostrando as três formações do Delta do Níger

2.4 Sistema Petrolífero do Delta do Níger

O petróleo ocorre em toda a Formação Agbada do Delta do Níger. No entanto, várias tendências direccionais formam uma "cintura rica em petróleo" com o maior campo e o menor rácio gás: petróleo (Ejedawe, 1981; Evamy e outros; 1978; Doust e Omatsola, 1990). A faixa estende-se do noroeste da zona offshore ao sudeste da zona offshore e ao longo de várias tendências norte-sul na zona de Port Harcourt. Corresponde aproximadamente à transição entre a crosta continental e a crosta oceânica e situa-se no eixo da espessura sedimentar máxima. Esta distribuição de hidrocarbonetos foi originalmente atribuída ao momento da formação da armadilha em relação à migração do petróleo (as estruturas terrestres mais antigas aprisionaram o petróleo que migrou mais cedo). Evamy et al. (1978), no entanto, mostraram que, em muitos rollovers, o movimento na falha de construção da estrutura e o crescimento resultante continuaram e foram retransmitidos progressivamente para sul na parte mais jovem da secção por falhas crestais sucessivas, concluindo que não havia relação entre o crescimento ao longo de uma falha e a distribuição do petróleo. Ejedawe (1981) relaciona a posição das zonas ricas em petróleo na faixa com cinco lóbulos de delta alimentados por quatro rios diferentes. Ele afirma que os dois factores de controlo são um aumento do gradiente geotérmico em relação ao gradiente mínimo no centro do delta e a idade geralmente maior dos sedimentos dentro da cintura em relação aos que se encontram mais longe no mar. Em conjunto, estes factores deram aos sedimentos da faixa a maior "maturidade por unidade de profundidade". Weber (1987) indica que o cinturão rico em petróleo ("faixa dourada") coincide com uma concentração de estruturas de rollover através de depobelts com flancos sul curtos e pouca sequência paralítica a sul. Doust e Omatsola (1990) sugerem que a distribuição do petróleo está provavelmente relacionada com a heterogeneidade do tipo de rocha-mãe (maior contribuição das sequências paralíticas a oeste) e/ou segregação devido à remigração. Haack et al. (1997) relacionam a posição da cintura rica em petróleo com as rochas geradoras marinhas propensas a petróleo depositadas adjacentes aos lóbulos do delta e sugerem que a acumulação destas rochas geradoras foi controlada por sub-bacias estruturais pré-Terciárias relacionadas com estruturas do subsolo. Fora da "cintura rica em petróleo" (partes central, oriental e setentrional do delta), os rácios gás: petróleo (GOR) são elevados. O GOR dentro de cada depobelt aumenta em direção ao mar e ao longo do ataque, afastando-se dos centros de deposição. As causas para a distribuição dos GORs são especulativas e incluem a migração induzida pela inclinação durante a última história de deposição na porção a jusante do depobelt, a descarga a montante das acumulações por gás gerado a uma maturidade mais elevada e/ou a heterogeneidade do tipo de rocha de origem (Doust e Omatsola, 1990). Stacher (1995), utilizando a estratigrafia sequencial, desenvolveu um modelo de habitat de hidrocarbonetos para o Delta do Níger. O modelo foi construído para a porção central do delta, incluindo algumas das faixas ricas em petróleo, e relaciona a deposição da Formação Akata (a presumível rocha geradora) e as unidades de areia/xisto na Formação Agbada (os reservatórios e selos) com o nível do mar. O xisto pré-miocénico da Formação Akata foi depositado em águas profundas durante os picos de baixa altitude e é sobreposto por traços do sistema de sequência Agbada do Miocénico. A Formação Agbada, na porção central do delta, enquadra-se num modelo de rampa pouco profunda, com tractos principais de sistema de alto nível (areias portadoras de hidrocarbonetos) e transgressivo (xisto selante) - não se formaram tractos de sistema de baixo nível de terceira ordem. As falhas na Formação Agbada forneceram caminhos para a migração do petróleo e formaram armadilhas estruturais que, juntamente com armadilhas estratigráficas, acumularam petróleo. O xisto no sistema de tractos transgressivos proporcionou uma excelente vedação acima das areias, bem como melhorou a mancha de argila dentro das falhas.

2.4.1 Rocha do reservatório

O petróleo no Delta do Níger é produzido a partir de arenito e areias não consolidadas predominantemente na Formação Agbada. As características dos reservatórios da Formação Agbada são controladas pelo ambiente de deposição e pela profundidade de enterramento. As rochas reservatório conhecidas têm idade entre o Eocénico e o Pliocénico e estão frequentemente empilhadas, variando em espessura entre menos de 15 metros e 10% com mais de 45 metros de espessura (Evamy et al., 1978). Os reservatórios mais espessos representam provavelmente corpos compostos de canais empilhados (Doust e Omatsola, 1990). Com base na geometria e na qualidade dos reservatórios, Kulke (1995) descreve os tipos de reservatórios mais importantes como barras pontuais de canais distributivos e barras de barreira costeiras intermitentemente cortadas por canais cheios de areia. Edwards e Santogrossi (1990) descrevem os reservatórios primários do Delta do Níger como arenitos paralíticos do Miocénico com 40% de porosidade, 2darcys de permeabilidade e uma espessura de 100 metros. A variação lateral na espessura do reservatório é fortemente controlada por falhas de crescimento; o reservatório torna-se mais espesso em direção à falha dentro do bloco de queda (Weber e Daukoru, 1975). O tamanho do grão do arenito do reservatório é altamente variável, com arenitos fluviais tendendo a ser mais grosseiros do que os seus homólogos da frente do delta; barras pontuais finas para cima e barras de barreira tendem a ter a melhor classificação de grãos. Grande parte deste arenito é quase não consolidado, alguns com um componente menor de cimento argilo-silícico (Kulke, 1995). A porosidade só diminui lentamente com a profundidade devido à idade jovem do sedimento e à frieza do complexo do delta.

2.4.2 Rocha de origem

Com base no teor e tipo de matéria orgânica, Evamy et al. (1978) propuseram que tanto o xisto marinho (Formação Akata) como o xisto intercalado com arenito paralítico (Formação Agbada inferior) eram as rochas de origem dos petróleos do Delta do Níger. Ekweozor et al. (1979) utilizaram ab-hopanes e oleananes para identificar a origem do crude - o xisto da Formação Agbada paralítica no lado oriental do delta e a fonte marinho-paralítica Akata no lado ocidental do delta. Ekweozor e Okoye (1980) restringiram ainda mais esta hipótese utilizando indicadores geoquímicos de maturidade, incluindo dados de itereflectância de vitrina que mostraram que as rochas mais jovens do que as partes inferiores profundamente enterradas da sequência paralítica eram imaturas. Lambert-Aikhionbare e Ibe (1984) argumentaram que a eficiência da migração a partir do xisto Akata sobre-pressurizado seria inferior a 12%, indicando que pouco fluido teria sido libertado da formação. Eles derivaram um perfil de maturidade térmica diferente, mostrando que o xisto da Formação Agbada é suficientemente maduro para gerar hidrocarbonetos.

CAPÍTULO 3

MATERIAIS E MÉTODOS

3.1 Materiais

Foram utilizados vários materiais para este estudo. Estes incluem uma calculadora científica (para computação e cálculo de vários parâmetros), um computador portátil, software petrofísico interativo (para análise de registos de poços), software Microsoft Office e software ArcGIS (para gerar o mapa de base).

3.1.1 Mapa de base da área de estudo

As várias localizações dos poços, posições e escalas do mapa podem ser vistas no mapa de base (Figura 3.1) que foi gerado utilizando o software ArcGIS. A escala do mapa de base foi utilizada para determinar a distância dentro da subsuperfície, de modo a estimar o volume de hidrocarbonetos no local para cada reservatório.

3.1.2 Registos de poços

Três poços denominados 'Olayinka 1, Olayinka 2 e Olayinka 3 (os nomes foram alterados devido à confidencialidade dos dados), e os registos dos seis poços utilizados neste projeto foram fornecidos pela Addax Petroleum. Os registos utilizados incluem registos de raios gama (GR), potencial espontâneo (SP), registos de neutrões compensados (CN), registos de densidade (RHOB), registos sónicos e registos de resistividade.

3.1.3 Software

O software interativo de petrofísica foi utilizado para a identificação, correlação e cálculo dos parâmetros petrofísicos e é fornecido pela Schlumberger. O software Microsoft Office foi utilizado para organizar, digitar e tabular os parâmetros calculados. O software ArcGIS foi utilizado para gerar o mapa de base.

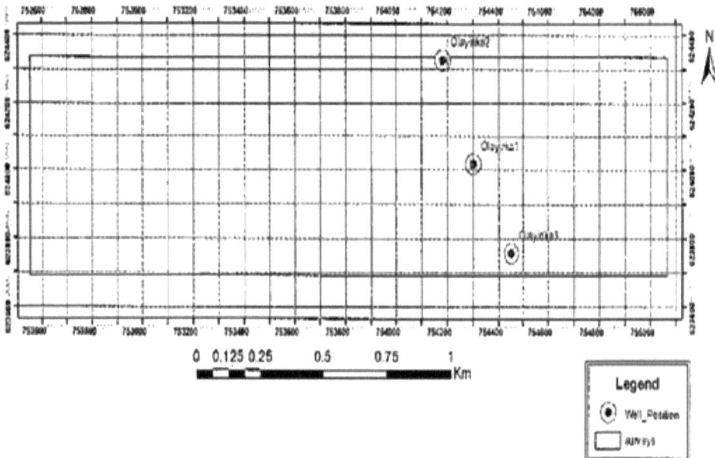

Figura 3.1 Mapa de base da área de estudo

3.2 Metodologia

3.2.1 Descrição das sondagens

O campo de Olayinka contém três poços, nomeadamente Olayinka 1, Olayinka 2 e Olayinka 3. Estes três poços contêm diferentes registos utilizados para este estudo e os registos incluem o registo de raios gama, o registo Latero, o registo de densidade, o registo de potencial espontâneo, os registos sónicos e os registos de resistividade.

O poço Olayinka 1 tem uma profundidade de 1543,20 metros (5063 pés). Este poço tem quatro zonas de hidrocarbonetos potenciais, nomeadamente Areia A, Areia B, Areia C e Areia D. A zona de hidrocarbonetos potenciais Areia A tem um nível superior de 4866 pés e um nível de base de 4886,5 pés. A zona de hidrocarbonetos potenciais Areia B tem um nível superior de 5180 pés e um nível de base de 5195 pés. A zona de hidrocarbonetos potenciais Areia C tem um nível superior de 5402 pés e um nível de base de 5415 pés. A zona de hidrocarbonetos potenciais Areia D tem um nível superior de 5759 pés e um nível de base de 5777 pés.

O poço Olayinka 2 tem uma profundidade de 4268 pés (1300,89 metros). Este poço tem quatro zonas de hidrocarbonetos potenciais, nomeadamente Areia A, Areia B, Areia C e Areia D. A zona de hidrocarbonetos potenciais Areia A tem um nível superior de 5209,5 pés e um nível de base de 5228 pés. A zona de hidrocarbonetos potenciais Areia B tem um nível superior de 5328,5 pés e um nível de base de 5345 pés. A zona de hidrocarbonetos potenciais Areia C tem um nível superior de 5422,5 pés e um nível de base de 5431,5 pés. A zona de hidrocarbonetos potenciais Areia D tem um nível superior de 5490,5 pés e um nível de base de 5494 pés.

O poço Olayinka 3 tem uma profundidade de 8605 pés (2622,80 metros). Este poço tem quatro zonas de hidrocarbonetos potenciais, nomeadamente Areia A, Areia B, Areia C e Areia D. A zona de hidrocarbonetos potenciais Areia A tem um nível superior de 4973,5 pés e um nível de base de 5002,5 pés. A zona de hidrocarbonetos potenciais Areia B tem um nível superior de 5364 pés e um nível de base de 5385 pés. A zona de hidrocarbonetos potenciais Areia C tem um nível superior de 5510,5 pés e um nível de base de 5523,5 pés. A zona de hidrocarbonetos potenciais Areia D tem um nível superior de 5980 pés e um nível de base de 6033,5 pés.

3.2.2 Análise dos registos

Neste projeto, foram realizadas análises quantitativas e qualitativas.

3.2.2.1 Análise qualitativa

Os registos dos três poços foram carregados no software Interactive Petrophysics. As assinaturas dos registos foram lidas e as diferentes litologias foram identificadas, utilizando os registos de gammaray (GR) e de potencial espontâneo (SP). Nas formações do reservatório, o registo gammaray (GR), que mede a radioatividade natural nas formações, reflecte o conteúdo de xisto, enquanto o registo SP mostra a excursão da linha de base do xisto, pelo que ambos os registos foram utilizados para a identificação de litologias de areia/xisto na área de estudo. O registo de resistividade em combinação com o registo GR foi utilizado para diferenciar entre zonas portadoras de hidrocarbonetos e zonas não portadoras de hidrocarbonetos. Na formação portadora de hidrocarbonetos, as assinaturas do registo de resistividade mostram valores de resistividade mais elevados do que na formação portadora de água. Utilizando o registo de raios gama, a correlação litológica de estratos equivalentes nos três poços foi efectuada através da correspondência de potenciais reservatórios similares delineados nos três poços. A análise qualitativa foi também utilizada para delinear o topo e a base dos reservatórios.

3.2.2.2 Análise quantitativa

Para a análise quantitativa, que envolve o cálculo e a computação de vários parâmetros petrofísicos, foram registados

3.2.2.1.1 Volume de xisto (Vsh)

O volume de xisto para as camadas de areia no poço foi calculado utilizando a equação abaixo: Clavier et. al., (1971)

Onde:

Vshale: Volume de xisto

IGR: Índice de raios gama

GRiog: Leitura de formação de raios gama

GRmin: Raio gama mínimo (areia limpa ou carbonato)

GRmax: Raio gama máximo (xisto)

$$Vshale = 1,7 - [3,38 - (I_{GR} - 0,7)^2]^{0,5}$$

Onde:

I_{GR}= Índice de raios gama

3.2.2.1.2 Porosidade (0)

A porosidade, que é a percentagem de espaço vazio na rocha, foi também calculada utilizando a porosidade derivada da densidade (Asquith e Krygowski, 2004)

$$\phi_D = \frac{\rho_{ma} - \rho_b}{\rho_{ma} - \rho_{fl}}$$

Onde:

D: Porosidade derivada da densidade

δma: Densidade da matriz

δb: Densidade aparente da formação

δfl: Densidade do fluido

3.2.2.1.3 Saturação de fluidos

A saturação de água para as camadas de areia no poço também foi calculada usando a equação de saturação de água abaixo:

$$S_w = \sqrt{\frac{R_o}{R_t}}$$

A saturação de água da zona de descarga para as camadas de areia no poço também foi calculada na equação abaixo:

$$S_{xo} = (S_w)^{1/5}$$

A saturação de hidrocarbonetos para esta mesma unidade de areia foi calculada utilizando a equação abaixo:

$$S_h = 1 - S_w$$

A Saturação de Hidrocarbonetos Residuais para as camadas de areia no poço foi calculada utilizando a equação abaixo:

Onde:

$$S_{hr} = 1 - S_{xo}$$

S_w: Saturação de água

S_{xo}: Saturação de água da zona de descarga

Rw: Resistividade da água que preenche a formação

R_{oi}: Resistividade de uma formação cheia de água

R_t: Resistividade real da formação

F: Fator de formação.

R_{x0}: Resistividade da zona de descarga

R_{mf}: Resistividade do filtrado de lama

0: Porosidade da formação

A: Fator de tortuosidade (1,0 para rochas carbonatadas; 0,62 para areias não consolidadas; 0,81 para areias consolidadas)

M: Fator de cimentação (2,0 para carbonatos de areias consolidadas; 2,15 para areias não consolidadas).

n: Expoente de saturação

S_{hr}: Saturação residual de hidrocarbonetos

S_{xo}: Saturação de água da zona de descarga.

A saturação irredutível de água e a saturação irredutível de hidrocarbonetos da areia foram calculadas usando a equação abaixo:

$$S_{wirr} = \left(\frac{F}{2000} \right)^{\frac{1}{2}}$$

And: $\quad S_{hirr} = 1 - S_{wirr}$

Onde:

S_{hirr}: saturação irredutível de hidrocarbonetos

S_{win}: Saturação irredutível de água

F: Fator de formação

3.2.2.1.4 FACTOR DE FORMAÇÃO

O fator de formação (F) para as camadas de areia no poço foi calculado utilizando esta equação porque as areias no Delta do Níger são areias não consolidadas.

$$F = \frac{0.62}{\phi^{2.15}}$$

Onde:

F: Fator de formação

0: Porosidade

A: Fator de tortuosidade

M: Fator de cimentação

3.2.2.1.5 FLUIDO MÓVEL

3.2.2.1.5.1 VOLUME DE ÁGUA A GRANEL (BVW)

O volume de água a granel, que é o produto da saturação de água de formação e da porosidade, foi calculado utilizando a equação abaixo indicada:

$$BVW = Sw \times øe$$

Onde:

BVW: Volume de água a granel

Sw: Saturação da água de formação

0 e: Porosidade efectiva

3.2.2.1.5.2 VOLUME DE ÓLEO A GRANEL (BVO)

O volume de óleo a granel, que se obtém multiplicando a diferença entre a saturação de água da zona lavada (Sxo) e a saturação de água (Sw) pela porosidade efectiva (e), foi também calculado utilizando a equação expressa a seguir:

$$BVO = ex (Sxo - Sw)$$

Onde:

BVO: Volume de óleo a granel

Sw: Saturação da água de formação

Sxo: Saturação de água da zona de descarga

0 e: Porosidade efectiva

3.2.2.1.5.3 ÍNDICE DE HIDROCARBONETOS MÓVEIS (MHI)

O índice de hidrocarbonetos móveis, que é a quantidade de hidrocarbonetos que foi deslocada por invasão, foi calculado utilizando a equação seguinte

$$MHI = \frac{S_w}{S_{xo}} = \left[\frac{R_{xo}/R_t}{R_{mf}/R_w} \right]^{\frac{1}{2}}$$

Onde:

MHI: Índice de hidrocarbonetos móveis

Sxo: Saturação de água da zona de descarga

Sw: Saturação de água

Rxo: Resistividade da zona de descarga

Rt: Resistividade da zona não invadida

Rmd: Resistividade do filtrado de lama

Rw: Resistividade da formação de água

3.2.2.1.5.4 SATURAÇÃO DE ÓLEO MÓVEL (MOS)

O MOS é o óleo libertado pela invasão na zona invadida

O MOS foi calculado como $\quad MOS = S_{xo} - S_w$

Onde:

MOS: Saturação de óleo móvel

Sxo: Saturação de água da zona de descarga

Sw: Saturação de água

3.2.2.1.6 PERMEABILIDADE (K)

A permeabilidade, que é a capacidade de uma rocha transmitir fluidos, foi calculada utilizando a equação abaixo:

$$K_e = \left[79 \times \left(\frac{\phi^3}{S_{wirr}} \right) \right]^2 \quad \text{(for gas reservoir)}$$

Onde:

Ke: Permeabilidade efectiva em milidarcy

0: Porosidade

Girar: Água irredutível

3.2.2.1.6.1 PERMEABILIDADE RELATIVA AO PETRÓLEO (Kro)

A permeabilidade relativa ao óleo é o rácio entre a permeabilidade efectiva ao óleo em saturação parcial e a permeabilidade a 100% de saturação (permeabilidade absoluta). Isto é dado por:

$$Kro = \left(\frac{(1 - S_w)^{2.1}}{(1 - S_{wirr})^2} \right)$$

3.2.2.1.6.2 PERMEABILIDADE RELATIVA À ÁGUA (Krw)

A permeabilidade relativa à água é a relação entre a permeabilidade efectiva à água em saturação parcial e a permeabilidade a 100% de saturação (permeabilidade absoluta). Isto é dado por:

$$Krw = \left[\frac{S_w - S_{wirr}}{1 - S_{wirr}} \right]^3$$

3.2.21.7 HIDROCARBONETOS NO LOCAL

Para determinar o volume de petróleo ou gás no local, sem considerar a expansão, a contração, a pressão, a temperatura ou os factores de recuperação, os hidrocarbonetos em zonas que têm porosidades ou saturações de água abaixo dos limites aceites (porosidade > 12%, água < 60%) não são normalmente contabilizados (Hilchie, 1978). Os hidrocarbonetos em reservatórios abaixo dos pontos de corte geralmente não se movem e, portanto, não contribuem para a produção real. A determinação do volume de hidrocarbonetos para um poço requer a espessura (h), a porosidade (0), a saturação de água (Sw) e uma estimativa da área (A). A área é obtida normalmente a partir de dados sísmicos e é o único dado utilizado no cálculo dos volumes de hidrocarbonetos no local que não é derivado de técnicas petrofísicas, mas a área pode ainda ser estimada utilizando o mapa de base que contém as localizações dos poços. A área foi estimada a partir do mapa de base para estimar o volume de hidrocarbonetos.

O volume de hidrocarbonetos no local pode ser escrito como

Vh- AhØ (1- Sw)

O volume de petróleo no local (OIP) para uma unidade de reservatório de petróleo de A acres e h pés de espessura é

OIP = 7758 A hØ (1- Sw) bbl.

E para um reservatório de gás com as mesmas dimensões, o volume de gás no local (GIP) é

$$\text{GIP} = 43560 \; A \; h \; \emptyset (1 - Sw) \; \text{cu.ft.}$$

Note-se que, por vezes, estes valores são expressos como a quantidade de petróleo inicialmente no local (OOIP) e de gás inicialmente no local (GOIP).

Os valores de gás no local (GIP) para os reservatórios foram calculados utilizando uma área estimada e a tabela é apresentada no Capítulo Quatro.

3.2.3 Revisão da teoria e dos princípios da petrofísica

3.2.3.1 Conceito básico de registo e interpretação de furos de sondagem

Uma vez que a geração de prospectos é feita com base em levantamentos sísmicos e geológicos, o local para a perfuração é libertado com base na estrutura mais provável do ponto de vista dos hidrocarbonetos. A estrutura mais provável baseia-se na estrutura identificada com o seguinte: uma rocha-mãe madura, um caminho de migração que liga a rocha-mãe à rocha reservatório, uma rocha reservatório adequada (porosa e permeável), uma armadilha e um selo impermeável.

Os principais objectivos da exploração madeireira com fio são a identificação do reservatório, a estimativa do hidrocarboneto no local e a estimativa do hidrocarboneto recuperável.

Os Well-logs são os resultados de várias medições geofísicas registadas num poço (Shankar, 2005). Consistem em informações essenciais sobre a formação perfurada, ou seja, para identificar as zonas produtivas de hidrocarbonetos; para definir os parâmetros petrofísicos como a porosidade, a permeabilidade, a saturação de hidrocarbonetos e a litologia das zonas; para determinar a profundidade, a espessura, a temperatura da formação e a pressão de um reservatório; para distinguir entre zonas de petróleo, gás e água num reservatório; e para medir a mobilidade dos hidrocarbonetos.

Os registos são gravados para medir diferentes parâmetros físicos de um poço, a fim de determinar a capacidade do poço para escoar hidrocarbonetos, tal como acima referido. É também chamado o olho eletrónico de um poço. Serão discutidos apenas alguns dos parâmetros básicos que são essenciais para serem registados num poço e que são os seguintes: registos de resistividade, registos de porosidade/radioactivos, registos sónicos/acústicos, amostragem e perfuração, registos de avaliação do cimento e registos de produção.

3.2.3.1.1 Registo de resistividade

A resistividade de uma substância é a sua capacidade de impedir o fluxo de corrente eléctrica através da substância. As resistividades das formações situam-se normalmente no intervalo de 0,2 a 1000 ohmetros. Resistividades superiores a 1000-ohm metros são pouco comuns em formações permeáveis. Existem dois tipos de registos de resistividade: os registos Dual Latero e os registos de indução.

3.2.3.1.1.0 Aplicações dos registos de resistividade

Têm a verdadeira resistividade da formação e a resistividade da zona de descarga, perfil de invasão do filtrado de lama, deteção rápida de hidrocarbonetos, indicação de hidrocarbonetos produzíveis, correlação de diferentes formações

3.2.3.1.1.1 Registo lateral duplo (DLL)

O registo lateral duplo tem sido um dos principais dispositivos de medição da resistividade. O DLL é um dispositivo de eléctrodos focalizados concebido para minimizar a influência dos fluidos do furo e das formações adjacentes. O DLL é composto por uma secção eletrónica e uma secção de mandril. A secção do mandril suporta os eléctrodos que estão ligados ao circuito eletrónico. A corrente de medição emitida a partir do elétrodo central é forçada a fluir lateralmente para a formação através da ação de focalização dos eléctrodos que rodeiam o elétrodo central. Fornece simultaneamente duas medições da resistividade do subsolo. As duas medições que têm diferentes profundidades de investigação são designadas por resistividade profunda (R) e resistividade superficial (R) (Shankar, 2005).

3.2.3.1.1.1.1 Teoria

O DLL consiste num elétrodo central emissor de corrente posicionado entre eléctrodos de proteção. Uma corrente conhecida é passada através do elétrodo de corrente com um elétrodo de retorno à superfície. Simultaneamente, é aplicado um potencial ao elétrodo focalizado para manter uma diferença de potencial nula entre o elétrodo de guarda e o elétrodo central, pelo que a corrente é focalizada na formação. Assim, a diferença de potencial produzida é equivalente à resistividade da formação. O percurso lateral da corrente de registo é um circuito em série que consiste no fluido de perfuração, no bolo de lama, na zona lavada, na zona invadida e na zona virgem, com a maior queda de tensão a ocorrer na zona de maior resistência. A quantidade total de corrente que emana de um elétrodo deve fluir através de qualquer meio que englobe o elétrodo. A profundidade de investigação de um registo lateral é definida como a profundidade a que cai 50% da tensão total medida (Shankar, 2005).

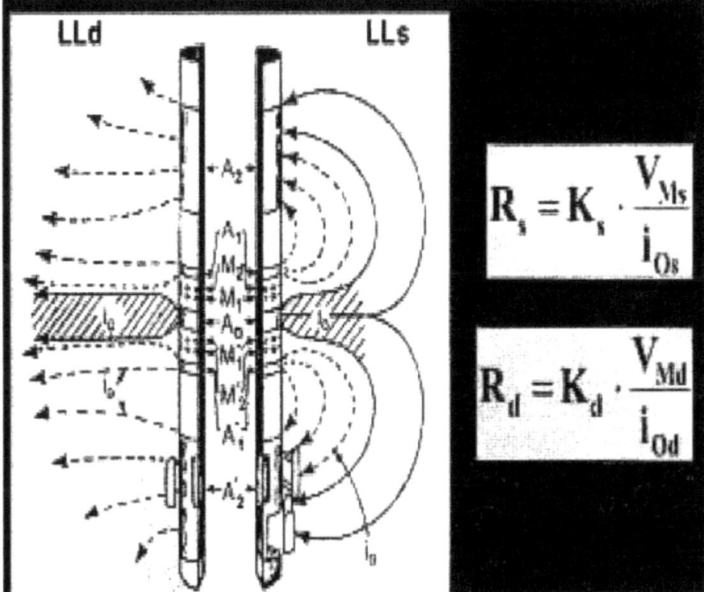

Figura 3.2: Teoria do registo de resistividade (registos duplos Latero)

3.2.3.1.1.2 Registo por indução
3.2.3.1.1.2.1 Princípio

As ferramentas de indução baseiam-se nos princípios da indução electromagnética. Um campo magnético é gerado por uma corrente eléctrica AC que flui numa bobina de loop contínuo/transmissor. O campo magnético da bobina do transmissor induz correntes de loop de terra na formação. Estes loops de corrente de terra terão, por sua vez, um campo magnético alternado associado que induzirá uma tensão na bobina recetora, cuja magnitude é proporcional à condutividade da formação. A precisão da ferramenta é excelente para formações com resistividade baixa a moderada (até 100 ohmetros), e a ferramenta Dual Induction Latero (DIL) regista três curvas de resistividade com diferentes profundidades de investigação (ILD, ILM & LI3)

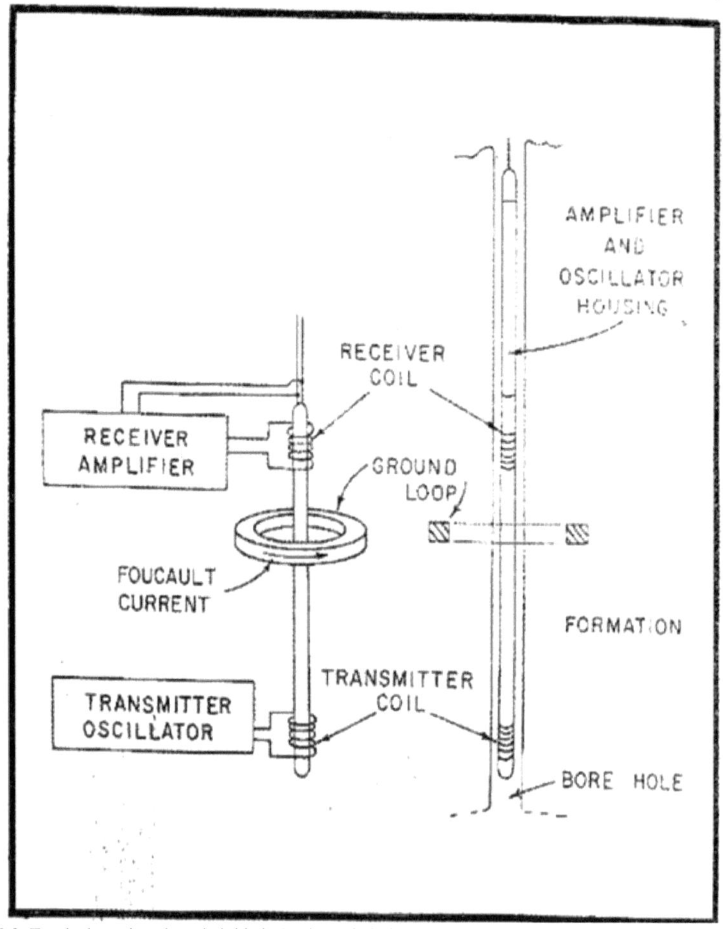

Figura 3.3: Teoria do registo de resistividade (registos de indução)

3.2.3.1.2 Registo de porosidade

Os valores de porosidade podem ser obtidos a partir do registo sónico, de um registo de densidade da formação ou de um registo de neutrões. Para além da porosidade, estes registos são afectados por outros parâmetros, como a litologia, a natureza dos fluidos dos poros e a xistosidade. Para uma maior precisão, a porosidade é obtida a partir de uma combinação de registos. As leituras destas ferramentas são determinadas pelas propriedades da formação perto dos furos de sondagem. O registo sónico tem a investigação mais superficial. Os registos de neutrões e de densidade são afectados por uma região um pouco mais profunda, dependendo um pouco da porosidade, mas geralmente dentro da zona de descarga (Shankar, 2005).

3.2.3.1.2.1 Registo de neutrões

3.2.3.1.2.1.1 Princípio

Nos registos de neutrões, utilizamos uma fonte química, como a lâmpada de berílio-américo/nêutrons, que fornece a emissão de neutrões como uma fonte contínua de energia de cerca de 4,5 MeV/14 MeV. Quando um neutrão colide com o núcleo dos átomos na formação, o neutrão perde a sua energia e excita o núcleo do átomo na formação. Quando o núcleo excitado regressa ao seu estado normal, emite raios gama característicos do átomo.

3.2.3.1.2.1.2 Vantagens

Determinação da porosidade, identificação da litologia, saturação de água, deteção de gás, localização e monitorização de contactos gás/óleo e água/óleo, correlação com registos de resistividade de furos abertos e indicador de xisto.

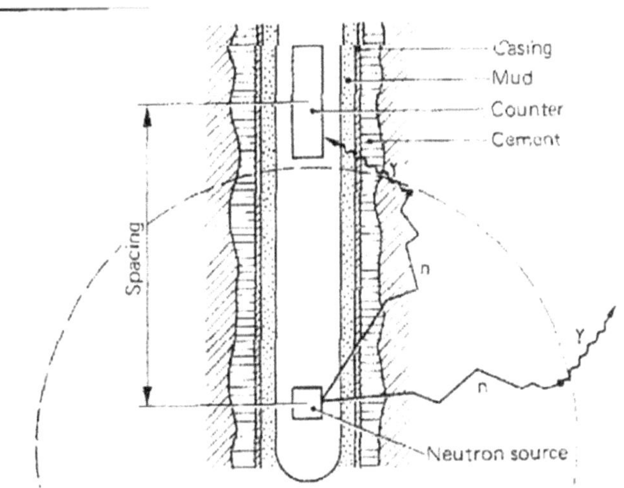

Figure 3.4: Principle of Neutron Tool (Shankar, S.S. (2005))

Figura 3.4: Princípio da ferramenta Neutron (Shankar, S.S. (2005))

3.2.3.1.3 Registo sónico compensado de furos de sondagem 3.2.3.1.3.1 Princípio

A ferramenta sónica mede o intervalo de tempo de trânsito, ou o tempo em microssegundos para uma onda acústica viajar através de uma formação de um pé, ao longo de um caminho paralelo ao furo, que é o recíproco da velocidade da onda sonora de compressão. Wyllie propôs a seguinte relação empírica para a determinação da porosidade a partir do registo sónico:

$$\varnothing = (\Delta_t - \Delta_m) / (\Delta_{t,t} - \Delta_m)$$

Onde $\Delta_{t,t}$ and Δ_m são os tempos de trânsito no fluido dos poros e na matriz rochosa, respetivamente. Esta relação de tempo médio é boa para formações limpas e compactadas de porosidade intergranular contendo líquidos (Shankar, 2005).

3.2.3.1.3.2 Vantagens

Os efeitos da cobertura de cimento podem ser facilmente medidos através da comparação de dados de furos abertos e revestidos. (O tempo de transmissão sobrepõe-se um ao outro para um bom cimento), a deteção de hidrocarbonetos em areias de elevada porosidade, a litologia pode ser identificada e o tempo de viagem integrado é útil na interpretação sísmica.

3.2.3.1.3.3 Limitação

Em formações não consolidadas, fracturas de formação, saturações de gás, lamas aeradas e secções de sal rugoso.

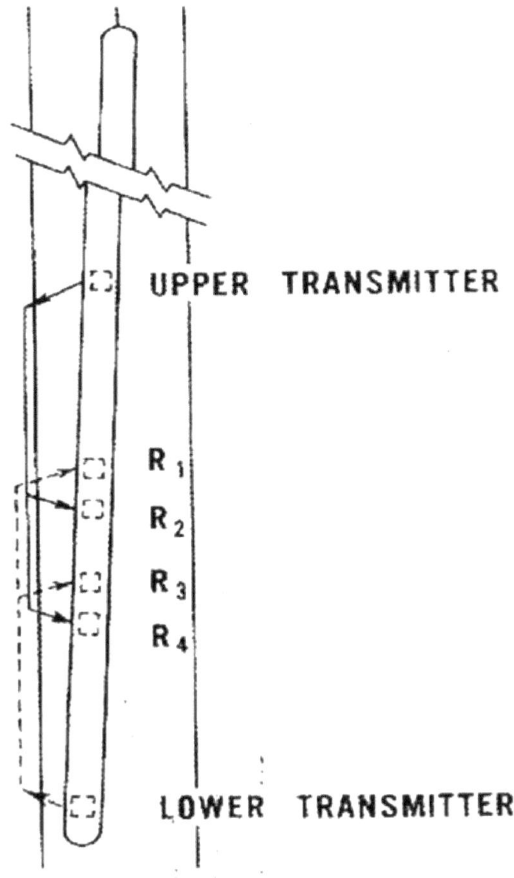

Figure 3.5: Principle of Acoustic Tool

Figura 3.5: Princípio da ferramenta acústica

3.2.3.1.4 Registo de densidade
3.2.3.1.4.1 Princípio

A densidade mede a densidade aparente da formação e o índice de absorção fotoeléctrica da coluna litológica penetrada. A densidade δb depende da densidade do fluido e da densidade da matriz na formação porosa, e Pe depende do número atómico utilizado para determinar a litologia da formação.

Para medir δb e Pe, os raios gama são direccionados para a formação. Os detectores medem o fluxo de raios gama resultante do efeito de dispersão e absorção da formação. Quanto maior for a densidade da formação, menor será a intensidade dos raios gama nos detectores (Shankar, 2005).

A densidade utiliza uma fonte de raios gama de Césio 137, dois detectores de cintilação de iodeto de sódio e uma pequena fonte de Césio 137 perto dos detectores. Todos eles estão montados numa base articulada. As taxas de contagem do detetor SS associadas à dispersão Compton são utilizadas apenas na determinação da densidade aparente, uma vez que está coberto por um escudo de cádmio que absorve todos os raios gama de energia inferior a 140 KeV. A taxa de contagem do detetor LS depende da dispersão de Compton e do efeito fotoelétrico utilizado para determinar δb e Pe. O detetor LS está coberto por uma blindagem de berílio e absorve os raios r de energia inferior a 160 KeV (Shankar, 2005).

3.2.3.1.4.2 Limitação

Na operação de furo aberto e operação de furo limitado, o diâmetro máximo do furo é de 22 polegadas, o diâmetro mínimo do furo é de 6 polegadas (Shankar, 2005).

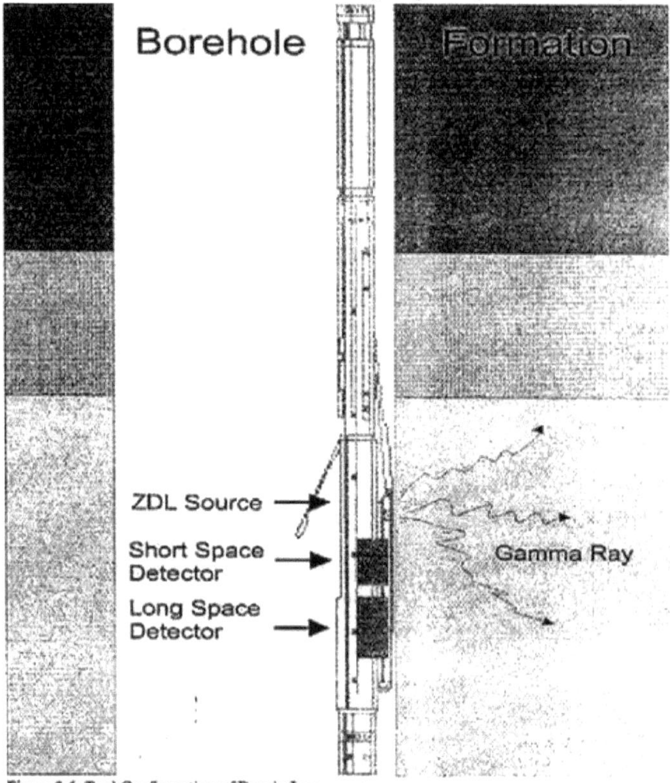

Figura 3.6: Configuração da ferramenta Densiy Log

3.2.3.1.5.1 Registo de raios gama

A ferramenta padrão de raios gama não contém nenhuma fonte e responde apenas à emissão de raios gama do ambiente do fundo do poço. O potássio (K40), o urânio (U238) e o tório (32) são os principais materiais radioactivos. Os principais tipos de detectores são os detectores Geiger Muller ou os contadores de cintilação com cristais de Nal, CsI ou BGO (fotomultiplicador, para medir a radiação gama incidente). O detetor não é blindado e, portanto, aceitará radiação de qualquer direção (Shankar, 2005).

3.2.3.1.5.1.1 Aplicação

A radiografia gama é particularmente útil para definir leitos de xisto quando a curva sp é arredondada, é utilizada > como indicador quantitativo do teor de xisto, deteção e avaliação de minerais radioactivos, delineação de minerais não radioactivos, incluindo leitos de carvão, correlação em operações de furos revestidos e o registo de radiografia gama é utilizado em ligação com a operação de traçador radioativo (Shankar, 2005).

3.2.3.1.6 Registo potencial espontâneo

3.2.3.1.6.1 Princípio

O SP surge devido ao contraste de salinidade entre a água de formação e o filtrado de lama contra leitos permeáveis. Não é enviada qualquer corrente para a formação. O registo SP é feito através da medição da diferença de potencial em mili-volts entre um elétrodo no furo e um elétrodo ligado à terra na superfície. A alteração da tensão através do furo do poço é causada por uma acumulação de carga nas paredes do furo. Os xistos e as argilas geram uma carga e as formações permeáveis, como o arenito, geram uma carga oposta. Esta acumulação de carga, por sua vez, é causada por diferenças no teor de sal e na água de formação (Shankar, 2005).

3.2.3.1.6.2 Aplicação

Delinear rochas reservatório porosas e permeáveis, determinar os limites e a espessura dos leitos, avaliar a resistividade da água da formação, estimar a fração de argila e correlacionar leitos permeáveis

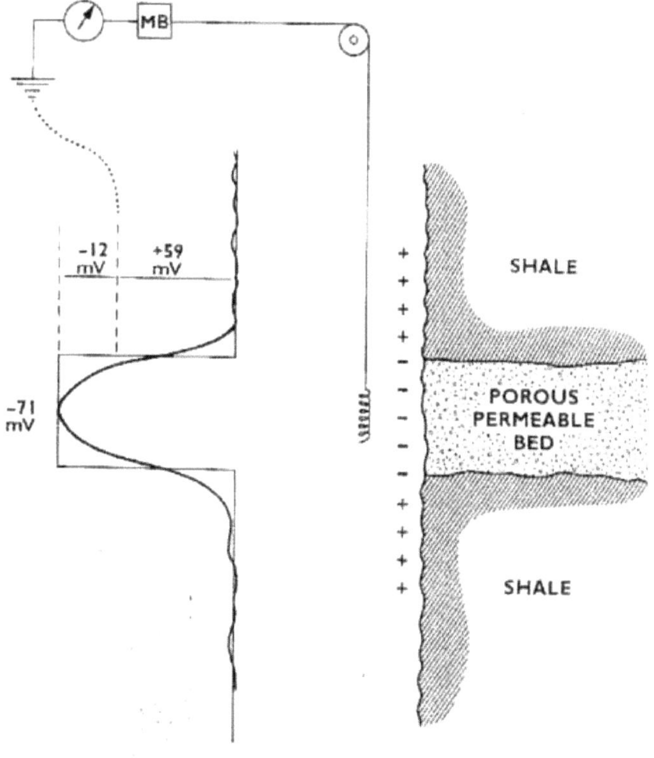

Figura 3.7: Esquema para a medição de ηι do SP

CAPÍTULO 4

RESULTADOS E DISCUSSÃO

4.1 Resultados

4.1.1 Interpretação qualitativa

Para a interpretação do registo, a sua correlação lito-estratigráfica fornece o conhecimento da estratigrafia geral do campo de estudo. Foram identificados e correlacionados quatro reservatórios potenciais, marcados como reservatórios A, B, C e D, em todo o campo, como se mostra nas Figuras 4.1 a 4.5 abaixo. Esta análise mostra que cada uma das unidades de areia se estende pelo campo, varia em espessura e algumas unidades ocorrem a maior profundidade do que a sua unidade adjacente. Observou-se que algumas camadas de xisto aumentam com a profundidade, mas também não foram consistentes com uma diminuição correspondente nas camadas de areia. Este padrão no Delta do Níger indica uma transição da Formação Benin para a Formação Agbada.

A partir da análise, em particular dos registos de resistividade, os quatro reservatórios delineados foram identificados como reservatórios portadores de hidrocarbonetos nos poços 'OLAYINKA 1', 'OLAYINKA 2' e 'OLAYINKA 3'.

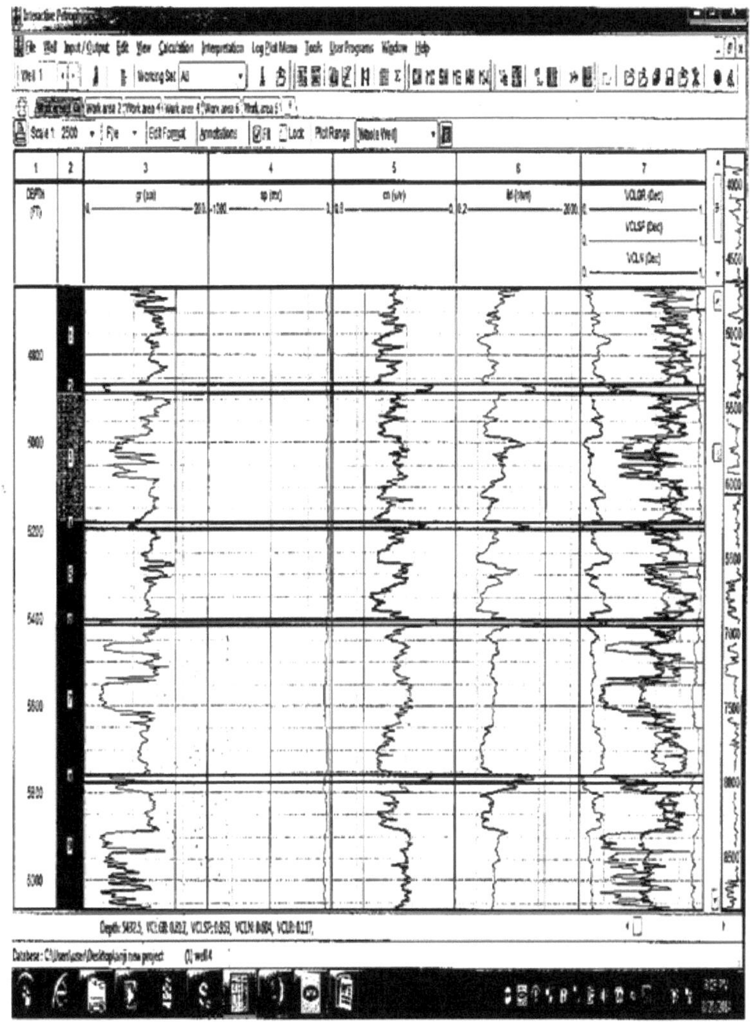

Figure 4.1: Well log of 'Olayinka1'

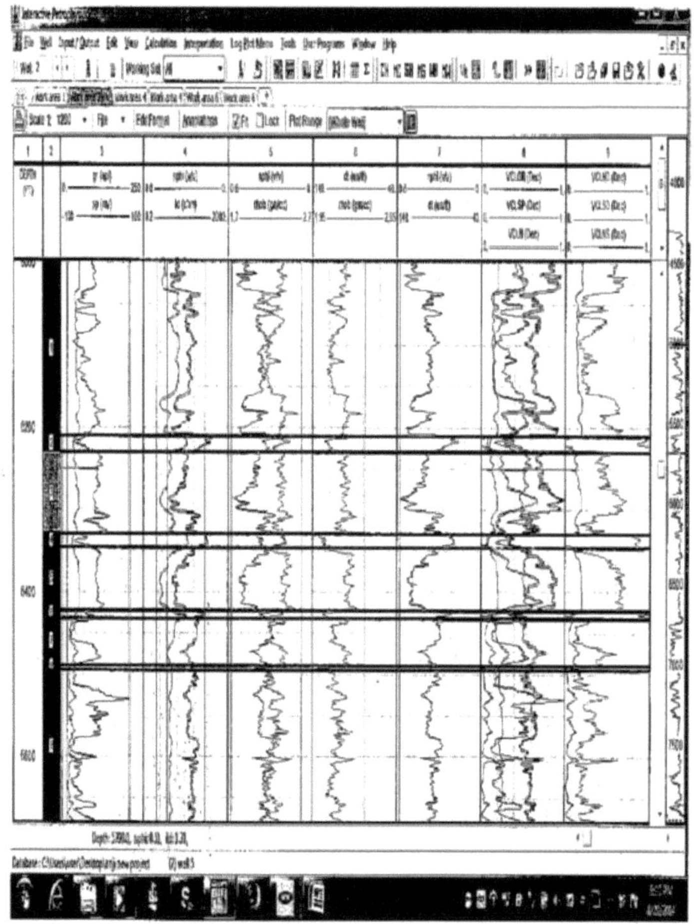

Figure 4.2: Well log of 'Olayinka 2'

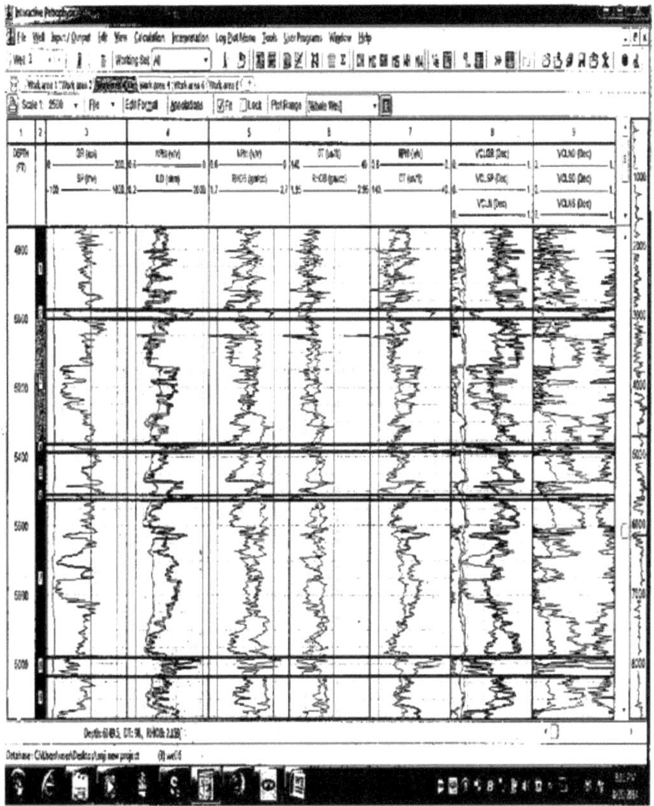

Figure 4.3: Well log of 'Olayinka 3'

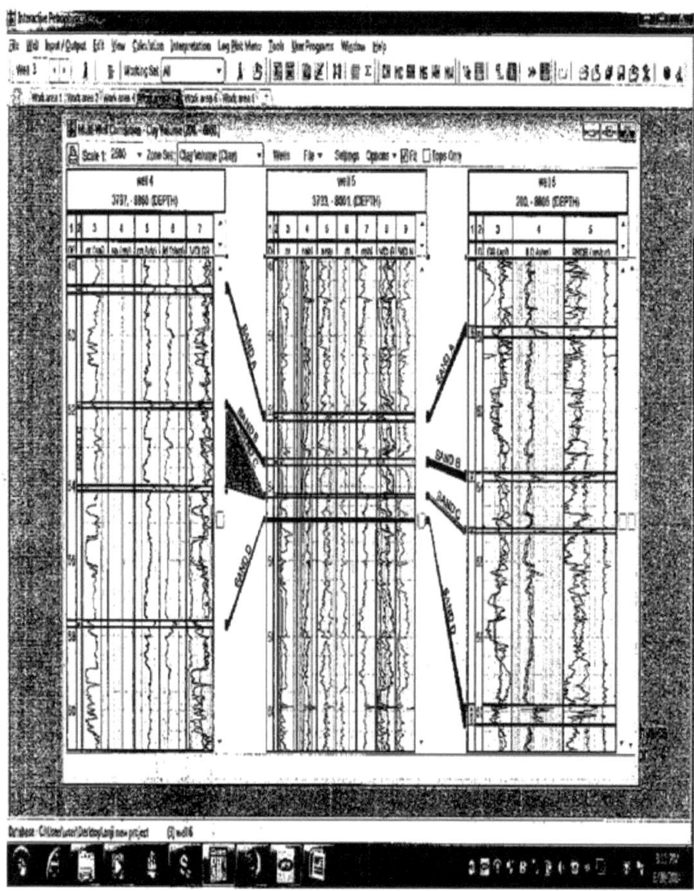

Figura 4.4: Correlação lateral entre poços

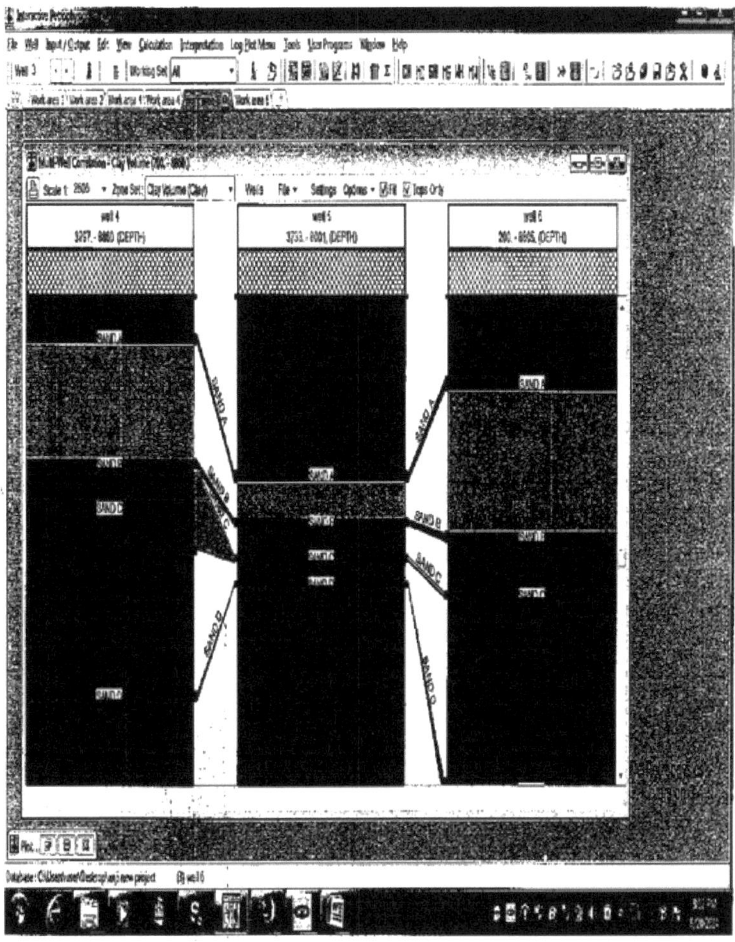

Figure 4.5: Lateral correlation across wells

4.1.2 Interpretação quantitativa

A interpretação qualitativa efectuada foi para determinar os parâmetros petrofísicos dos reservatórios. As propriedades petrofísicas, que incluem a porosidade, a permeabilidade e a saturação de fluidos, foram avaliadas a partir dos registos.

Os resultados para os parâmetros petrofísicos foram discutidos e apresentados nas tabelas 4.1 a 4.5 abaixo.

OLAYINKA 1				
Reservoirs	Top(ft)	Bottom(ft)	Vsh (%)	Ø (%)
Sand A	4866	4886.5	13.8	26.6
sand B	5180	5195	12.5	24.6
sand C	5402	5415	13.0	21.02
sand D	5759	5777	13.8	23.08

OLAYINKA 2				
sand A	5209.5	5228	13.7	16.92
sand B	5328.5	5345	13.5	28.21
sand C	5422.5	5431.5	13.7	21.02
sand D	5490.5	5494	13.3	32.82

OLAYINKA 3				
sand A	4973.5	5002.5	13.5	20.51
sand B	5364	5385	10.5	23.08
sand C	5510.5	5523.5	13.7	25.64
sand D	5980	6033.5	13.2	20

QUADRO 4.1: DETERMINAÇÃO DO VOLUME DE XISTO E DA POROSIDADE

	F	S_w(%)	S_h(%)	S_{xo}(%)	S_{hr}(%)	S_{wirr}(%)	S_{hirr} (%)
OLAYINKA 1							
sand A	5.3	12.1	87.8	65.6	34.3	5.1	94.9
sand B	6.3	44.4	55.6	85.0	14.9	5.6	94.4
sand C	8.8	50.6	49.3	87.2	12.7	6.6	93.4
sand D	7.2	56.6	43.3	89.2	10.7	6.0	94
OLAYINKA 2							
sand A	1.4	-99900	100	-398.0	498.0	8.4	91.6
sand B	4.7	-99900	100	-398.0	498.0	4.8	95.2
sand C	8.8	-99900	100	-398.0	498.0	6.6	93.4
sand D	3.5	-99900	100	-398.0	498.0	4.2	95.8
OLAYINKA 3							
sand A	9.3	47.1	52.8	86.0	13.9	6.8	93.2
sand B	7.2	42.0	57.9	84.1	15.8	6.0	94
sand C	5.7	12.6	87.3	66.1	33.8	5.3	94.7
sand D	9.8	100	0	100	0	7.0	93

TABELA 4.2: DETERMINAÇÃO DA SATURAÇÃO DE FLUIDOS NAS AREIAS DO RESERVATÓRIO

	S_w (%)	S_{xo} (%)	$\emptyset$ (%)	MHI(S_w/S_{xo})	BVW ($S_w \times \phi_e$)	MOS ($S_{xo} - S_w$)	BVO $\phi_e \times (S_{xo} - S_w)$
OLAYINKA 1							
sand A	12.1	65.6	26.6	0.19	0.65	0.53	0.029
sand B	44.4	85.0	24.6	0.52	1.4	0.41	0.014
sand C	50.6	87.2	21.0	0.58	1.11	0.37	0.009
sand D	56.6	89.2	23.0	0.63	1.14	0.33	0.007
OLAYINKA 2							
sand A	-99900	-398.0	16.9	250.99	-99900	995.01	-994024.78
sand B	-99900	-398.0	28.2	250.99	-99900	995.01	-994024.78
sand C	-99900	-398.0	21.0	250.99	-99900	995.01	-994024.78
sand D	-99900	-398.0	32.8	250.99	-99900	995.01	-994024.78
OLAYINKA 3							
sand A	47.1	86.0	20.5	0.55	2.95	0.39	0.053
sand B	42.0	84.1	23.0	0.50	2.72	0.42	0.046
sand C	12.6	66.1	25.6	0.19	2.03	0.53	0.097
sand D	100	100	20.0	1.00	2.22	0.00	0.000

QUADRO 4.3: DETERMINAÇÃO DO FLUIDO MÓVEL NAS AREIAS DO RESERVATÓRIO

OLAYINKA 1						
	F	S_w(%)	S_{wirr} (%)	$\emptyset$ (%)	K (md)	Krw	Kro
sand A	5.3	12.1	5.1	26.6	8373.3	0.0017	0.76
sand B	6.3	44.4	5.6	24.6	4378.7	0.0873	0.29
sand C	8.8	50.6	6.6	21.0	1207.2	0.1298	0.22
sand D	7.2	56.6	6.0	23.0	2544.5	0.1810	0.17

OLAYINKA 2						
sand A	1.4	-99900	8.4	16.9	2050.6	-999527259	.
sand B	4.7	-99900	4.8	28.2	13296.7	-998459020.7	.
sand C	8.8	-99900	6.6	21.0	1204.6	-999001397.5	.
sand D	3.5	-99900	4.2	32.8	43989.9	-998262482.5	.

OLAYINKA 3						
sand A	9.3	47.1	6.8	20.5	9889.0	0.073	0.26
sand B	7.2	42.0	6.0	23.0	25420.7	0.074	0.32
sand C	5.7	12.6	5.3	25.6	60600.0	0.002	0.75
sand D	9.8	100	7.0	20.0	80777.0	1.000	0.00

QUADRO 4.4: DETERMINAÇÃO DA PERMEABILIDADE DAS AREIAS DO RESERVATÓRIO

Estimated Area=1513638.09ft²				
OLAYINKA 1				
Reservoirs	Thickness(h)ft.	Sh (1-S_w)	Ø (%)	GIP (cu.ft.)
sand A	20.5	87.8	26.6	58903491.4
sand B	15	55.6	24.6	25241326.92
sand C	13	49.3	21.02	16574254.66
sand D	18	43.3	23.08	22131315.53
OLAYINKA 2				
sand A	18.5	100	16.92	38510850.6
sand B	16.5	100	28.21	57266158.95
sand C	9	100	21.02	23274815.4
sand D	3.5	100	32.82	14132456.1
OLAYINKA 3				
sand A	29	52.8	20.51	38637463.23
sand B	21	57.9	23.08	34525874.45
sand C	13	87.3	25.64	35800297.93
sand D	53.5	0	20	0

QUADRO 4.5: DETERMINAÇÃO DO GÁS NO LOCAL

4,2 Discussões

4.2.1 Propriedades das areias da jazida de OLAYINKA1

A unidade de areia do reservatório em Olayinka 1 ocorre em espessuras variáveis ao longo do poço. O volume de xisto varia entre 12,50% e 13,80%, com um teor médio de xisto de 13,28%, o que faz da unidade de areia uma unidade de areia xistosa, uma vez que o volume de xisto se situa entre 10 e 35% nas unidades de areia xistosa (Hilchie, 1978). O volume de xisto é mais elevado na Areia A e na Areia D e mais baixo na Areia B.

A porosidade em Olayinka 1 é quase totalmente uniforme, variando de 21,02% a 26,60%, com um valor médio de porosidade de 23,83%. O valor da porosidade da unidade de areia do reservatório em Olayinka 1 diminui com a profundidade. Pode deduzir-se que os valores de porosidade são mais baixos em areias com elevado teor de xisto.

A saturação de água em Olayinka 1 varia entre 12,10% e 56,60%, a areia A-D tem uma saturação de água de 12,1%, 44,4%, 50,6% e 56,6%, respetivamente. Toda a largura da Areia D tem um valor elevado de saturação de água, enquanto toda a largura da Areia A tem um valor baixo de saturação de água. Isto indica que Olayinka 1 é essencialmente um aquífero, exceto no reservatório inferior SAND A, com baixa saturação de água e alta saturação de hidrocarbonetos. A saturação de hidrocarbonetos em SAND D é baixa devido à elevada saturação de água no reservatório e nos reservatórios inferiores, SAND A, B e C, a saturação de hidrocarbonetos é elevada com baixa saturação de água. Portanto, em Olayinka 1, o reservatório superior (SAND D) contém essencialmente água, enquanto os reservatórios inferiores (SAND A, SAND B e SAND C) contêm hidrocarbonetos significativos.

A saturação de água irredutível (Swirr), que é a formação de água que não pode ser deslocada como resultado da força capilar, tem o valor mínimo na Areia A e o valor máximo na Areia C. Os reservatórios mais baixos (Areia C e Areia D) têm um valor mais elevado de saturação de água irredutível, indicando uma força capilar elevada entre os grãos de areia e a água de formação.

Um MHI de 1 implica que nenhum hidrocarboneto foi deslocado durante a invasão. Se o MHI for inferior a 0,7 para arenito ou inferior a 0,6 para carbonatos, então os hidrocarbonetos foram movidos durante a invasão (Schlumberger, 1972). SAND A, SAND B, SAND C e SAND D têm valores de MHI inferiores a 0,7, o que indica alta mobilidade do hidrocarboneto dentro do reservatório.

Os valores da permeabilidade relativa à água (Krw) variam entre 0,0017 e 0,1810 nos reservatórios de Olayinka 1. A Areia C e a Areia D com valores mais elevados (0,1298 a 0,1810) de Krw produzirão mais água e menos hidrocarbonetos. Os outros reservatórios (Areia A e Areia B) com baixa permeabilidade à água produzirão maiores volumes de hidrocarbonetos.

A permeabilidade relativa ao petróleo (Kro) nos reservatórios de Olayinka 1 varia entre 0,17 e 0,76. As areias B, C e D têm baixa permeabilidade relativa ao petróleo; por conseguinte, seria produzido um baixo volume de petróleo a partir destes reservatórios. A permeabilidade absoluta é elevada em todos os reservatórios delineados em Olayinka 1.

4.2.2 Propriedades das areias do reservatório de OLAYINKA 2

As unidades de areia penetradas em Olayinka 2 têm uma espessura média de 14,75 pés. O volume de xisto varia entre 13,30% e 13,70%, com um teor médio de xisto de 13,55%, o que faz da unidade de areia uma unidade de areia xistosa, uma vez que o volume de xisto se situa entre 10 e 35% nas unidades de areia xistosa (Hilchie, 1978). O volume de xisto é máximo na Areia A e na Areia C e mínimo na Areia D.

A porosidade em Olayinka 2 é quase totalmente uniforme, variando de 16,92% a 32,82%, com um valor médio de porosidade de 24,74%. Os valores de porosidade das unidades de areia do reservatório aumentam com a profundidade de SAND A para SAND B e SAND C para SAND D.

Os valores para a saturação de água em Olayinka 2 não eram realistas, o que poderia ser o resultado de dados incompletos ou incorrectos da fonte (Addax Petroleum).

Os valores para a saturação de água irredutível (Swirr) em Olayinka 2 são mais elevados na Areia A e na Areia C e valores mais baixos na Areia B e na Areia D. Em Olayinka 2, observou-se que há um valor crescente de saturação de água irredutível da Areia B para a Areia C, o que indica que, ao descer o poço da Areia B para a Areia C, a força capilar entre os grãos de areia e a água de formação aumentaria. Por conseguinte, mais hidrocarbonetos sem água.

MHI de 1 implica que nenhum hidrocarboneto foi deslocado durante a invasão. Se o IHM for inferior a 0,7 para arenitos, ou inferior a 0,6 para carbonatos, então os hidrocarbonetos foram deslocados

durante a invasão (Schlumberger, 1972). Os valores do Índice de Hidrocarbonetos Móveis para Olayinka 2 não eram realistas, o que também pode ser resultado dos dados incompletos fornecidos pela fonte.

Os valores da permeabilidade relativa à água (Krw) também foram registados como não realistas.

Os valores de permeabilidade relativa ao óleo (Kro) também foram registados como não fiáveis. Este facto foi observado apenas nos reservatórios de Olayinka 2 e não teve impacto negativo nos dados fornecidos por Olayinka 1 e Olayinka 3.

4.2.3 Propriedades das areias do reservatório de OLAYINKA 3

As areias em Olayinka 3 ocorrem a profundidades de 4973.5ft-5002.25ft na Areia A, 5364ft-5385ft na Areia B, 5510.5ft-5523.5ft na Areia C, e 5980ft-6033.5ft na Areia D. A espessura destas unidades de areia varia de 13ft a 53.5ft. O volume de xisto nestas unidades de areia varia de 10,5% a 13,70%. O volume de xisto é máximo na Areia C e mínimo na Areia B, o conteúdo de xisto nas Areias A e D também é relativamente alto. A porosidade média dos reservatórios em Olayinka 3 é de 22,31%.

A saturação de água em Olayinka 3 varia de 12,6% a 100%, SAND A-D tem uma saturação de água de 47,1%, 42,0%, 12,6% e 100%, respetivamente. A saturação de hidrocarbonetos na Areia A, Areia B e Areia C é elevada, enquanto na Areia D não há vestígios de hidrocarbonetos.

A saturação de água irredutível (Swirr) varia entre 5,3% e 7,0% e tem o seu valor mínimo na Areia C e o seu valor máximo na Areia D. A saturação de água irredutível é relativamente uniforme e apresenta uma ligeira variação com a profundidade.

Um índice de hidrocarbonetos móveis (MHI) de 1 implica que nenhum hidrocarboneto foi deslocado durante a invasão. Se o MHI for inferior a 0,7 para arenitos ou inferior a 0,6 para carbonatos, então os hidrocarbonetos foram deslocados durante a invasão. (Schlumberger, 1972). As areias A, B e C têm um IHM inferior a 0,7, enquanto a areia D tem um IHM superior a 0,7.

A permeabilidade relativa à água (Krw) nos reservatórios delineados em Olayinka 3 é muito baixa nos SANDS A, B e C, mas elevada no SAND D, pelo que haverá uma elevada produção de hidrocarbonetos nos reservatórios A, B e C.

Os valores de permeabilidade relativa ao petróleo (Kro) nas areias A, B e C variam entre 0,26 e 0,75. A areia D tem um valor neutro (0) de permeabilidade relativa à água.

CAPÍTULO 5

CONCLUSÃO E RECOMENDAÇÃO

5.1 Conclusão

Com base em análises qualitativas e quantitativas, foram identificadas quatro zonas de reservatório nos três poços utilizados para este projeto. As zonas de reservatório foram designadas por Areia A, Areia B, Areia C e Areia D.

A partir da análise qualitativa, os três poços "Olayinka 1", "Olayinka 2" e "Olayinka 3" foram considerados homogéneos e contínuos em todo o campo. O registo de raios gama foi utilizado para identificar as litologias utilizando uma linha de base de xisto. O topo e a base das unidades individuais de hidrocarbonetos do reservatório foram marcados, permitindo assim a fácil identificação de cada uma das litologias. Os dados do registo de poços mostram que a área é caracterizada por interbeds de areia/xisto com a ocorrência e espessura de areia a aumentar com a profundidade. Foi utilizado um registo de resistividade para diferenciar entre zonas de hidrocarbonetos e zonas de água. A identificação do tipo de fluido de hidrocarbonetos determinada através de uma relação cruzada entre o registo de densidade e o registo de neutrões (Figura 4.1, 4.2, 4.3) revelou que o campo é propenso a gás.

A análise quantitativa envolve a determinação dos parâmetros petrofísicos. Os valores de porosidade obtidos foram considerados elevados, o que é perfeito para a acumulação de hidrocarbonetos

O volume de xisto variou entre 10% e 35%, mostrando que o campo tem unidades de areia xistosa. Os valores do índice de mobilidade do óleo (MHI) são bastante elevados, o que infere que a quantidade de potencial de hidrocarbonetos é bastante elevada, o que implica que o reservatório é satisfatório para a produção de hidrocarbonetos.

Depois de computar e calcular vários parâmetros, como a saturação de hidrocarbonetos, o fator de formação e a saturação de água, deduziu-se que cerca de 45% do fluido na areia portadora de hidrocarbonetos consiste em água intersticial, enquanto os restantes 55% do fluido consistem em hidrocarbonetos.

A permeabilidade é bastante elevada em todos os poços do campo "Olayinka". A permeabilidade relativa à água varia entre 0,0017 e 1,00. A maioria dos reservatórios de hidrocarbonetos tem baixa permeabilidade relativa à água, o que implica que se espera uma menor produção de água. A maioria dos reservatórios de hidrocarbonetos tem uma permeabilidade relativa elevada ao petróleo, o que implica que se espera uma maior produção de hidrocarbonetos e que estes sejam móveis na areia do reservatório.

Quando os hidrocarbonetos têm um índice de hidrocarbonetos móveis inferior a 0,7, isso implica que são móveis, e como todos os reservatórios estudados têm um índice de hidrocarbonetos móveis quase inferior a 0,7, isso confirma que os hidrocarbonetos são móveis.

O número total de reservatórios com hidrocarbonetos delineados a partir de todos os registos de poços é de doze. Embora a areia D de "Olayinka 1" não contenha hidrocarbonetos susceptíveis de serem produzidos, as areias D de "Olayinka 2" e "Olayinka 3" contêm hidrocarbonetos susceptíveis de serem produzidos.

Em conclusão, o potencial de hidrocarbonetos do campo é relativamente elevado e o campo apresenta um grande potencial de acumulação de petróleo e gás para exploração futura.

5.2 Recomendações

São necessários dados completos que incluam secções sísmicas, dados de testemunhos, dados de verificação e outros para uma avaliação mais aprofundada e detalhada do campo. Embora tenha sido feito um trabalho substancial por diferentes autores para elucidar a litologia, as condições das formações geológicas no Delta do Níger e para estimar os vários parâmetros petrofísicos possíveis, é ainda necessário muito trabalho para definir as complexidades das propriedades das rochas dos campos do Delta do Níger. Este estudo deve servir de base para outras investigações que possam ser efectuadas na área.

REFERÊNCIAS

Aigbedion, I., 2007: Diferenciação de fluidos de reservatório, um estudo de caso do campo Oredo. Revista Internacional de Ciências Físicas 2 (6): Pp 144-148

Allen P.A. e Allen J.R. 1990: Basin Analysis. pp 373. Publ. Blackwell. Publicações

Archie, G.E., 1942: The Electrical Resistivity as an aid in determining some Reservoir Characteristics. Journal Petroleum Technology, Vol. 5, No1 p.54-62

Departamento de Recursos Petrolíferos: Centro de Formação em Tecnologia do Petróleo, 1996.

Interpretação básica de dados sísmicos: Curso de curta duração No. $212.

Doust, H. e Omatsola, M.E., 1990: Delta do Níger. In: J.D. Edwards e P.A. Santogrossi (eds). Divergent and Passive margin basin. American Association of Petroleum Geologists Memoir48, p. 201-238

Ejedawe, J.E., 1981: Patterns of incidence of oil reserves in Niger Delta Basin (Padrões de incidência de reservas de petróleo na Bacia do Delta do Níger): American Association of Petroleum Geologists, v. 65, p. 1574-1585.

Ekweozor, C. M., Okogun, J.I., Ekong, D.E.U., e Maxwell J.R., 1979: Preliminary organic geochemical studies of samples from the Niger Delta, Nigeria: Parte 1, análise de óleos crus para triterpanos: Chemical Geology, v 27, p. 11-28.

Ekweozor, C.M. e Okoye, N.V., 1980: Avaliação do leito-fonte de petróleo do Delta do Níger Terciário: Boletim da Associação Americana de Geólogos de Petróleo, v. 64, p 1251-1259. **Evamy, B.D., 1978**: Habitat de hidrocarbonetos do Delta do Níger terciário: Boletim da AAPG, v.62:1- 39.

Evamy, B.D., Haremboure, J., Kamerling, P., Knaap, W.A., Molloy, F.A., e Rowlands, P.H., 1978: Hydrocarbon habitat of Tertiary Niger Delta: Boletim da Associação Americana de Geólogos de Petróleo, ano 62, p. 277-298.

Gluyas, J. e Swarbrick, R. 2004: Petroleum Geoscience. Publ. Blackwell Publishing

Haack, R.C., Sundararaman, P., and Dahl, J., 1997: Niger Delta petroleum System, in, Extended Abstracts, AAPG/ABGP Hedberg Research Symposium, Petroleum Systems of the South Atlantic Margin, November 16-19, 1997, Rio de Janeiro, Brazil.

Hilchie, D.W., 1978: Applied openhole log interpretation: Golden, Colorado, D.W., Hilchie, Inc., 161p

Hospers, J., 1965: Gravity field and structure of the Niger Delta, Nigeria, West Africa: Geological Society of American Bulletin, v. 76, P. 407-422. http://www.glossary.oilfield.slb.com/Display.cfm?Term=structural%20trap

Schlumberger: Glossário de campos petrolíferos

http://www.glossary.oilfleld.slb.com/Display.cfm?Term-fault%20trapSchlumberger:

OilfieldGlossary

http://www.priweb.org/ed/pgws/systems/traps/structural/structural.html

Instituto de Investigação Petrolífera

Kaplan, A., et al 1994: Tectonic map of the world, panel10: Tulsa, American Association of Petroleum Geologists, escala 1:10.000.000.

Klett, T.R., et al 1997: Ranking of the world's oil and gas provinces by known petroleum volumes: U.S. Geological SurveyOpen-file Report-97-463, CD-ROM.

Kulke, H., 1995: Nigéria, em H. Kulke, ed., Regional petroleum geology of the world. Parte II: África, América, Austrália e Antárctica: Berlim, GebruderBorntraeger, p.143-172.Lambert-Aikhionbare

Lambert-Aikhionbare, D. O., e Ibe, A.C., 1984: Petroleum source-bedevaluation of the Tertiary Niger Delta: discussion: AmericanAssociation of Petroleum Geologists Bulletin, v. 68, p. 387-394.

Comissão Nacional do Petróleo da Nigéria, 2005: Overview of the Nigeria Petroleum Industry and opportunities for investment. Documento apresentado no 18º Congresso Mundial do Petróleo, Joanesburgo, África do Sul, 25-29 de setembro de 2005.

Comissão da População da Nigéria, 2006: Gabinete Nacional de Estatística. "2006 populationcensus "internet. http://www.nigerianstat.gov.ng/nbsapps/connections/population2006.pdf 4 de julho de 2011. **Organização dos Países Exportadores de Petróleo, 2011**: "Informações gerais - OPEP". OPEC.org. 2011.Retrieved 13 April 2014.

Petroconsultants, 1996a: Petroleum exploration and production database: Houston, Texas, Petroconsultants, Inc., [base de dados disponível em Petroconsultants, Inc., P.O. Box 740619, Houston, TX 77274-0619].

Reijers, T.J.A., 1996. Capítulos seleccionados sobre Geologia, SPDC da Nigéria, Corporate Reprographic Services, Warri, 197p

Reijer, T. J. A., Petters, S. W. e Nwajide, C. S., 1996: A Bacia do Delta do Níger. Em: Reijers T. J. A. (eds), Selected Chapters on Geology: Sedimentary geology and sequence stratigraphy in Nigeria and three case studies and a field guide, shell Petroleum Development Company, Warri, Nigéria, 105-114

Schlumberger, 1974: Log Interpretation Manual/Application, Vol. 11, Houston Schlumberger Well Services Inc. p. 16-20

Sheriff, R. E., Geldart, L. P., 1995: Exploration Seismology (2ª ed.). Cambridge University Press.p. 351.ISBN 0-521-46826-4.

Short, K.C. e A.J. Stauble, 1967: 'Outline of Geology of Niger Delta. Am. Assoc. Petrol. Geol. Bull, 51, p.761-779.

Shankar, S.S. (2005): Well logging techniques and formation evaluation.

Tuttle, M. L. W., R. R. Charpentier, e M. E. Brownfield, 1999: O sistema petrolífero do delta do Níger: Província do delta do Níger, Nigéria, Camarões e Guiné Equatorial, África: Relatório de Ficheiro Aberto do USGS 99-50-H.

Weber, K.j., 1987, Hydrocarbon distribution patterns in Nigerian growth fault structures controlled by structural style and stratigraphy: Journal of Petroleum Science and Engineering, v.1, p. 91-104.

Weber, K.J. e Daukoro, E.M. 1975.Petroleum geological aspects of the Niger Delta. Tóquio, Actas do 9º Congresso Mundial do Petróleo, 5 (2), p. 209-221

Whiteman, A. J., 1982, Nigeria, its petroleum, geology, resources and potential. v. I e II, Edinburgh, Graham and Trotman.

I want morebooks!

Buy your books fast and straightforward online - at one of world's fastest growing online book stores! Environmentally sound due to Print-on-Demand technologies.

Buy your books online at
www.morebooks.shop

Compre os seus livros mais rápido e diretamente na internet, em uma das livrarias on-line com o maior crescimento no mundo! Produção que protege o meio ambiente através das tecnologias de impressão sob demanda.

Compre os seus livros on-line em
www.morebooks.shop

Printed by Books on Demand GmbH, Norderstedt / Germany